西江珍稀鱼类图鉴

朱远生　柳志会　陈一竹　蓝家湖　编著

河南科学技术出版社
·郑州·

内容提要

作者经两年深入实地调查，采集鱼类标本，结合多年对西江鱼类资源调查成果，编写成书。书中介绍了西江水系广西境内珍稀鱼类资源，包括中华鲟、鲥 2 种国家一级保护动物，花鳗鲡等 36 种国家二级保护动物，赤魟等 56 种省级保护动物，以及已列入珍稀物种鱼类 26 种，西江特有鱼类 69 种，山溪珍稀鱼类 35 种，西江名贵鱼类 8 种，西江经济鱼类 26 种，其他珍稀鱼类 12 种；并对每一个物种的分类地位、鉴别特征等相关信息作了简述。图片使用现代高清的数码相机拍摄，图像清晰、色彩真实。本书既有较高的科学价值和美学价值，又可普及生物多样性的科学知识，增强人们对野生动物的保护意识。

本书是野外调查、鱼类分类鉴别的工具手册，可供鱼类保护工作者、鱼类爱好者、生物野外调查工作者、环境保护和渔业工作者及相关大、中专院校师生参考。

图书在版编目（CIP）数据

西江珍稀鱼类图鉴 / 朱远生等编著. -- 郑州 : 河南科学技术出版社, 2025. 6. -- ISBN 978-7-5725-1893-5

Ⅰ. Q959.408-64

中国国家版本馆CIP数据核字第20255ET910号

出版发行：河南科学技术出版社
地址：郑州市郑东新区祥盛街27号　邮编：450016
电话：（0371）65737028　65788642
网址：www.hnstp.cn

出 版 人：乔　辉
策划编辑：陈淑芹　陈　艳
责任编辑：陈　艳
责任校对：耿宝文
封面设计：张德琛
责任印制：徐海东
印　　刷：河南瑞之光印刷股份有限公司
经　　销：全国新华书店
开　　本：889 mm × 1 194 mm　1/12　印张：28　字数：500 千字
版　　次：2025年6月第1版　2025年6月第1次印刷
定　　价：380.00 元

前 言

西江是珠江的干流，发源于云南省曲靖市乌蒙山余脉的马雄山东麓，自西向东流经云南、贵州、广西和广东 4 省（自治区），至广东省佛山市三水区思贤滘与北江汇合后，流入珠江三角洲网河区后注入南海。广西是西江流域面积最大的省区，广西境内有干流红水河、黔江、浔江及支流桂江、柳江、左江、右江、贺江及郁江。广西境内的西江，江河纵横，水库星罗棋布，是典型的喀斯特地貌，隐藏着无数千奇百怪的溶洞、地下河。独特的山川地形，特殊的生态系统为生物提供了丰富多样的生活环境，这一区域中的淡水鱼类广泛分布，体形千姿百态，体色绚丽多彩，鱼类区系复杂，是国内水生生物多样性最为丰富的地区之一，也是全球生物多样性研究的热点地区，渔业自然资源条件十分优越，鱼类种质资源十分丰富。红水河是西江的干流，流域内喀斯特地貌广泛分布，在石山脚下的地缝里，常常有与地层深处的水源相通的通道，深层的地下蕴藏着形式各异、千姿百态的地下河、湖等水体环境。在洞穴的深处，由于黑暗无光，鲜有动物生存，但在这样的环境中却蕴藏着众多的洞穴鱼类。地表众多的河流与丰富的地下特殊环境使西江在广西境内就分布有近 400 种鱼类，资源极其丰富。

西江淡水鱼类是多年来国内外研究的热点，如 1981 年广西壮族自治区水产研究所和中国科学院动物研究所编著的《广西淡水鱼类志》，记载了广西淡水鱼类 200 种；1989 年郑慈英主编的《珠江鱼类志》，记载了广西鱼类 157 种；1998 年乐佩琦、陈宜瑜主编的《中国濒危动物红皮书——鱼类》，记载了广西有分布的淡水鱼类 19 种；2006 年广西壮族自治区水产研究所和中国科学院动物研究所编著的《广西淡水鱼类志》（第二版），记载了广西淡水和河口鱼类 290 种和亚种；2013 年蓝家湖等著的《广西洞穴鱼类》，记载了广西洞穴鱼类 4 科 11 属 61 种；2017 年甘西等著的《中国南方淡水鱼类原色图鉴》，记载了 45 科 320 种，其中分布于广西的淡水鱼类 271 种；2023 年肖珊、蓝家湖主编的《广西淡水鱼类分类图鉴》，记载了广西淡水鱼类 42 科 338 种。

流域内人类社会活动和经济建设在为地方经济带来巨大利益的同时，往往也会造成生态环境的改变，流域梯级开发、酷渔滥捕等对鱼类资源影响巨大。根据《中国物种红色名录》（汪松等，2004）记载，广西地区共有受危种类 31 种，包括 7 种濒危种类和 24 种易危种类。其中国家一级保护种类中华鲟 *Acipenser sinensis*，是世界现存 25 种鲟形目鱼类中唯一能进入低纬度内陆水域进行繁殖洄游的大型鱼类，广西境内红水河、柳江、黔江三江交汇处的象州石龙三江口原是其主要产卵场之一。20 世纪 50 年代西江干流仍有捕获，但 70 年代后日趋鲜见，目前在西江已经无法见到。分布于西江河流中的赤魟 *Dasyatis akajei* 是国内仅有的内陆淡水水域中的软骨鱼类，但其自然种群资源已十分稀少，在多年的实地野外调查中已很少见到；西江名鱼 —— 鲥 *Tenualosa reevesii* 在西江已经无法见到；日本鳗鲡 *Anguilla japonica* 和花鳗鲡 *Anguilla. marmorata* 为降河产卵洄游型种类，目前已很难见到；花鰶 *Clupanodon thrissa*、斑鰶 *Konosirus punctatus*、居氏银鱼 *Salanx cuvieri*、间下鱵 *Hyporhamphus intermedius*、鲛 *Liza haematocheila*、花鲈 *Lateolabrax japonicus*、弓斑东方鲀 *Takifugu ocellatus* 等为河口性鱼类，在西江目前数量很少。单纹似鳡、鯮、叶结鱼、乌原鲤等种类原为西江中较为常见的经济鱼类，目前在江河中已十分少见。水利设施的建设在为地方经济带来巨大利益的同时，往往也会造成生态环境的改变。为此，珠江水资源保护科学研究所组织开展西江鱼类资源的调查摸底，掌握西江珍稀鱼类资源状况，为更好开展保护，恢复自然资源提供科学依据。2023 年和 2024 年，课题组开展广西境内西江珍稀鱼类资源调查工作，采集鱼类标本 5 000 多号，拍摄鱼类活体照片 20 000 多张，标本照片 30 000 多张。拍摄到国家二级保护动物 36 种，省级保护动物 56 种，已列入珍稀物种鱼类 26 种，西江特有鱼类 69 种，山溪珍稀鱼类 35 种，西江名贵鱼类 8 种，西江经济鱼类 26 种，其他珍稀鱼类 12 种。

本书部分鱼类原色图是以实地采集活体、模拟相似的生态环境拍摄的活体照片，记录鱼体固有的形态、体色等特征，鱼体色还原真实，色彩绚丽，展现各种鱼类婀娜多姿的美态，生态环境逼真。鱼体的结构性状图片充分展示了物种的分类特征；以图为据，以据定物，真实、直观、精准、科学，并以简短的文字记述其分类地位、鉴别特征、分布和保护利用的价值，弥补以往专著对鱼类物种文字描述的不足。

本书的野外拍摄工作，得到珠江水产研究所陈蔚涛博士、南宁师范大学杨剑研究员、广西师范大学杜丽娜博士的大力相助，前期工作得到广西壮族自治区水产科学研究院吴铁军研究员，中国科学院水生生物研究所邵韦涵博士，云南中医药大学郑兰平博士，中国科学院昆明动物研究所杨君兴研究员、陈小勇研究员，云南省丘北县渔业工作站杨洪福高级农艺师，柳州市渔业技术推广站罗福广研究员，都安县水产技术推广站韦慕兰高级工程师，广西宾阳县水产技术推广站覃旭传高级工程师等多位同行、专家学者的鼎力相助，广西水产畜牧学校朱瑜教授给本书提出了很多宝贵的修改意见，谨此表示深切的谢意。

编　者

2024 年 3 月

目　录

第一篇　国家级保护鱼类 …… 1

1. 鲥 *Tenualosa reevesii* (Richardson, 1846) …… 1
2. 中华鲟 *Acipenser sinensis* Gray, 1835 …… 2
3. 花鳗鲡 *Anguilla marmorata* Quoy & Gaimard, 1824 …… 4
4. 无眼中华喀鳅 *Karstsinnectes anophthalmus* (Zheng, 1981) …… 5
5. 唐鱼 *Tanichthys albonubes* Lin, 1932 …… 6
6. 鯮 *Luciobrama macrocephalus* (Lacépède, 1803) …… 7
7. 大鳞金线鲃 *Sinocyclocheilus macrolepis* Wang & Chen, 1989 …… 8
8. 桂林金线鲃 *Sinocyclocheilus guilinensis* Ji, 1985 …… 9
9. 季氏金线鲃 *Sinocyclocheilus jii* Zhang & Dai, 1992 …… 10
10. 灌阳金线鲃 *Sinocyclocheilus guanyangensis* Chen, Peng & Zhang, 2016 …… 11
11. 融安金线鲃 *Sinocyclocheilus ronganensis* Luo, Huang & Wen, 2016 …… 12
12. 环江金线鲃 *Sinocyclocheilus huanjiangensis* Wu, Gan & Li, 2010 …… 13
13. 宜山金线鲃 *Sinocyclocheilus yishanensis* Li & Lan, 1992 …… 14
14. 短身金线鲃 *Sinocyclocheilus brevis* Lan & Chen, 1992 …… 15
15. 短须金线鲃 *Sinocyclocheilus brevibarbatus* Zhao, Lan & Zhang, 2009 …… 16
16. 长须金线鲃 *Sinocyclocheilus longibarbatus* Wang & Chen, 1989 …… 17
17. 巨须金线鲃 *Sinocyclocheilus hugeibarbus* Li & Ran, 2003 …… 18
18. 凌云金线鲃 *Sinocyclocheilus lingyunensis* Li, Xiao & Luo, 2000 …… 19
19. 东兰金线鲃 *Sinocyclocheilus donglanensis* Zhao, Watanabe & Zhang, 2006 …… 20
20. 九圩金线鲃 *Sinocyclocheilus jiuxuensis* Li & Lan, 2003 …… 21
21. 马山金线鲃 *Sinocyclocheilus mashanensis* Wu, Liao & Li, 2010 …… 22
22. 高肩金线鲃 *Sinocyclocheilus altishoulderus* (Li & Lan, 1992) …… 23
23. 大眼金线鲃 *Sinocyclocheilus macrophthalmus* Zhang & Zhao, 2001 …… 24
24. 小眼金线鲃 *Sinocyclocheilus microphthalmus* Li, 1989 …… 25
25. 曲背金线鲃 *Sinocyclocheilus flexuosdorsalis* Zhu & Zhu, 2012 …… 26
26. 田林金线鲃 *Sinocyclocheilus tianlinensis* Zhou, Zhang & He, 2004 …… 27
27. 安水金线鲃 *Sinocyclocheilus anshuiensis* Gan, Wu, Wei & Yang, 2013 …… 28
28. 斑点金线鲃 *Sinocyclocheilus punctatus* Lan & Yang, 2017 …… 29

29. 鸭嘴金线鲃 *Sinocyclocheilus anatirostris* Lin & Luo, 1986 …… 30
30. 叉背金线鲃 *Sinocyclocheilus furcodorsalis* Chen, Yang & Lan, 1997 …… 31
31. 驯乐金线鲃 *Sinocyclocheilus xunlensis* Lan, Zhao & Zhang, 2004 …… 32
32. 靖西金线鲃 *Sinocyclocheilus jinxiensis* Zheng, Xiu & Yang, 2013 …… 33
33. 逻楼金线鲃 *Sinocyclocheilus luolouensis* Lan, 2013 …… 34
34. 单纹似鳡 *Luciocyprinus langsoni* Vaillant, 1904 …… 35
35. 花鲈鲤 *Percocypris pingi regain* (Tchang, 1930) …… 36
36. 乌原鲤 *Procypris merus* Lin, 1933 …… 37
37. 厚唇瑶山鳅 *Yaoshania pachychilus* (Chen, 1980) …… 38
38. 斑鳠 *Mystus guttatus* (Lacépède, 1803) …… 40

第二篇　省级保护鱼类 …… 41

1. 颊鳞异条鳅 *Paranemachilus genilepis* Zhu, 1983 …… 41
2. 赤魟 *Dasyatis akajei* (Müller & Henle, 1841) …… 42
3. 平果异条鳅 *Paranemachilus pingguoensis* (Gan, 2013) …… 44
4. 靖西异条鳅 *Paranemachilus jinxiensis* (Zhu, Du & Chen, 2009) …… 45
5. 郑氏异条鳅 *Paranemachilus zhengbaoshani* (Zhu & Cao, 1987) …… 46
6. 弓背中华喀鳅 *Karstsinnectes acridorsalis* (Lan, 2013) …… 47
7. 透明中华喀鳅 *Karstsinnectes hyalinus* (Lan, Yang & Chen, 1996) …… 48
8. 小中华喀鳅 *Karstsinnectes parvus* (Zhu & Zhu, 2014) …… 49
9. 丽纹云南鳅 *Yunnanilus pulcherrimus* Yang, Chen & Lan, 2004 …… 50
10. 后鳍云南鳅 *Yunnanilus retrodorsalis* (Lan, Yang & Chen, 1995) …… 51
11. 长须云南鳅 *Yunnanilus longibarbatus* Gan, Chen & Yang, 2007 …… 52
12. 白莲云南鳅 *Yunnanilus bailianensis* Yang, 2013 …… 54
13. 叉尾洞鳅 *Troglonectes furcocaudalis* (Zhu & Cao, 1987) …… 55
14. 小眼洞鳅 *Troglonectes microphthalmus* (Du, Chen & Yang, 2008) …… 56
15. 大鳞洞鳅 *Troglonectes macrolepis* (Huang, Du, Chen & Yang, 2009) …… 57
16. 都安洞鳅 *Troglonectes duanensis* (Lan, 2013) …… 58
17. 弱须洞鳅 *Troglonectes barbatus* (Gan, 2013) …… 59
18. 河池洞鳅 *Troglonectes hechiensis* Zhao, Liu, Du & Luo, 2021 …… 60
19. 东兰洞鳅 *Troglonectes donglanensis* (Wu, 2013) …… 61
20. 水龙洞鳅 *Troglonectes shuilongensis* Deng, Xiao, Hou & Zhou, 2016 …… 62
21. 大明山岭鳅 *Oreonectes damingshanensis* Yu, Luo, Lan, Zhou, Deng, Xiao, Zhou, 2023 …… 63
22. 罗城岭鳅 *Oreonectes luochengensis* Yang, Wu, Wei & Yang, 2011 …… 64
23. 多斑岭鳅 *Oreonectes polystigmus* Du, Chen & Yang, 2008 …… 65
24. 关安岭鳅 *Oreonectes guananensis* Yang, Wei, Lan & Yang, 2011 …… 66
25. 黄体高原鳅 *Triplophysa flavicorpus* Yang, Chen & Lan, 2004 …… 67
26. 南丹高原鳅 *Triplophysa nandanensis* Lan, Yang & Chen, 1995 …… 68

27. 鼻须高原鳅 *Triplophysa nasobarbatul* Wang & Li, 2001 …… 69
28. 凌云高原鳅 *Triplophysa lingyunensis* (Liao, Wang & Luo, 1997) …… 70
29. 长鳍高原鳅 *Triplophysa longipectoralis* Zheng, Du, Chen & Yang, 2009 …… 71
30. 天峨高原鳅 *Triplophysa tianeensis* Chen, Cui & Yang, 2004 …… 72
31. 花坪高原鳅 *Triplophysa huapingensis* Zheng, Yang & Chen, 2012 …… 73
32. 大头高原鳅 *Triplophysa macrocephala* Yang, Wu & Yang, 2012 …… 74
33. 长须盲高原鳅 *Triplophysa longibarbata* Chen, Yang, Sket & Aljancic, 1998 …… 75
34. 里湖高原鳅 *Triplophysa lihuensis* Wu, Yang & Lan, 2012 …… 76
35. 浪平高原鳅 *Triplophysa langpingensis* Yang, 2013 …… 77
36. 田林高原鳅 *Triplophysa tianlinensis* Li, Li, Lan & Du, 2016 …… 78
37. 凤山高原鳅 *Triplophysa fengshanensis* Lan, 2013 …… 79
38. 环江高原鳅 *Triplophysa huanjiangensis* Yang, Wu & Lan, 2011 …… 80
39. 峒敢洞鳅 *Troglonectes dongganensis* Yang, 2013 …… 81
40. 罗城高原鳅 *Triplophysa luochengensis* Li, Lan, Chen & Du, 2017 …… 82
41. 前腹原花鳅 *Protocobitis anteroventris* Lan, 2013 …… 83
42. 无眼原花鳅 *Protocobitis typhlops* Yang & Chen, 1993 …… 84
43. 小眼双须鳅 *Bibarba parvoculus* Wu, Yang & Lan, 2015 …… 86
44. 多鳞原花鳅 *Protocobitis polylepis* Zhu, Lü, Yang & Zhang, 2008 …… 88
45. 稀有白甲鱼 *Onychostoma rarum* (Lin, 1933) …… 89
46. 长鳍光唇鱼 *Acrossocheilus longipinnis* (Wu, 1939) …… 90
47. 桂孟加拉鲮 *Bangana decora* (Peters, 1881) …… 92
48. 卷口鱼 *Ptychidio jordani* Myers, 1930 …… 93
49. 唇鲮 *Semilabeo notabilis* Peters, 1881 …… 94
50. 暗色唇鲮 *Semilabeo obscurus* Lin, 1981 …… 95
51. 修仁鉠 *Xiurenbagrus xiuenensis* (Yue, 1981) …… 96
52. 巨修仁鉠 *Xiurenbagrus gigas* Zhao, Lan & Zhang, 2004 …… 98
53. 后背修仁鉠 *Xiurenbagrus dorsalis* Xiu, Yang & Zheng, 2014 …… 100
54. 长臀鮠 *Cranoglanis bouderius* (Richardson, 1846) …… 101
55. 长尾鮡 *Pareuchiloglanis longicauda* (Yue, 1981) …… 102
56. 中国少鳞鳜 *Coreoperca whiteheadi* Boulenger, 1900 …… 104

第三篇　已列入珍稀物种鱼类 …… 105

1. 日本鳗鲡 *Anguilla japonica* Temminck & Schlegel, 1846 …… 105
2. 鳤 *Ochetobius elongatus* (Kner, 1867) …… 106
3. 台梅氏鳊 *Metzia formosae* (Oshima, 1920) …… 107
4. 长麦穗鱼 *Pseudorasbora elongata* Wu, 1939 …… 108
5. 南方鳅鮀 *Gobiobotia meridionalis* Chen & Cao, 1977 …… 109
6. 粗须白甲鱼 *Onychostoma barbatum* (Lin, 1931) …… 110

7. 细尾白甲鱼 *Onychostoma lepturum* (Boulenger, 1899) …… 111
8. 卵形白甲鱼 *Onychostoma ovale* Pellegrin & Chevey, 1936 …… 112
9. 白甲鱼 *Onychostoma simum* (Sauvage & Dabry de Thiersant, 1874) …… 113
10. 小口白甲鱼 *Onychostoma lini* (Wu, 1939) …… 114
11. 副结鱼 *Parator zonatus* (Lin, 1935) …… 115
12. 瓣结鱼 *Folifer brevifilis* (Peters, 1881) …… 116
13. 纹唇鱼 *Osteochilus salsburyi* Nichols & Pope, 1927 …… 117
14. 伍氏盂加拉鲮 *Bangana wui* Zheng & Chen, 1983 …… 118
15. 长须卷口鱼 *Ptychidio longibarbus* Chen & Chen, 1989 …… 119
16. 异华鲮 *Parasinilabeo assimilis* Wu & Yao, 1977 …… 120
17. 短鳔盘鮈 *Discogobio brachyphysallidos* Huang, 1989 …… 121
18. 宽头盘鮈 *Discogobio laticeps* Chu, Cui & Zhou, 1993 …… 122
19. 龙州鲤 *Cyprinus longzhouensis* Yang & Hwang, 1977 …… 123
20. 越南隐鳍鲇 *Pterocryptis cochinchinensis* (Valenciennes, 1840) …… 124
21. 细长拟鲿 *Pseudobagrus gracilis* Li, Chen & Chan, 2005 …… 125
22. 长身鳜 *Coreosiniperca roulei* (Wu, 1930) …… 126
23. 漓江鳜 *Siniperca loona* Wu, 1939 …… 127
24. 柳州鳜 *Siniperca liuzhouensis* Zhou, Kong & Zhu, 1987 …… 128
25. 波纹鳜 *Siniperca undulate* Fang & Chong, 1932 …… 129
26. 叉尾斗鱼 *Macropodus opercularis* (Linnaeus, 1758) …… 130

第四篇 西江特有鱼类 …… 131

1. 美丽中条鳅 *Traccatichthys pulcher* (Nichols & Pope, 1927) …… 131
2. 白点南鳅 *Schistura alboguttata* Cao & Zhang, 2018 …… 132
3. 美丽华沙鳅 *Sinibotia pulchra* (Wu, 1939) …… 133
4. 蓝氏华沙鳅 *Sinibotia lani* Wu, Yang, 2019 …… 134
5. 短吻副沙鳅 *Parabotia brevirostris* Zhu & Zhu, 2012 …… 135
6. 漓江副沙鳅 *Parabotia lijiangensis* Chen, 1980 …… 136
7. 后鳍薄鳅 *Leptobotia posterodorsalis* Lan & Chen, 1992 …… 137
8. 大斑薄鳅 *Leptobotia pellegrini* Fang, 1936 …… 138
9. 桂林薄鳅 *Leptobotia guilinensis* Chen, 1980 …… 139
10. 斑点薄鳅 *Leptobotia punctatus* Li, Li & Chen, 2008 …… 140
11. 斑纹薄鳅 *Leptobotia zebra* (Wu, 1939) …… 141
12. 武鸣鳅 *Cobitis wumingensis* Chen, Sui, He & Chen, 2015 …… 142
13. 修长鳅 *Cobitis leptosoma* Chen, Sui, He & Chen, 2015 …… 144
14. 异斑鳅 *Cobitis heteromacula* Chen, Sui, Liang & Chen, 2016 …… 146
15. 徐氏鳅 *Cobitis xui* Tan, Li, Wu & Yang, 2019 …… 148
16. 瑶山细鲫 *Aphyocypris arcus* (Lin, 1931) …… 150

17. 丽纹细鲫 *Aphyocypris pulchrilineata* Zhu, Zhao & Huang, 2013 …… 151
18. 小梅氏鳊 *Metzia parva* Luo, Sullivan, Zhao & Peng, 2015 …… 152
19. 长鼻梅氏鳊 *Metzia longinasus* Gan, Lan & Zhang, 2009 …… 153
20. 花棘䱻 *Hemibarbus umbrifer* (Lin, 1931) …… 154
21. 大刺䱻 *Hemibarbus macracanthus* Lu, Luo & Chen, 1977 …… 155
22. 桂林似鮈 *Pseudogobio guilinensis* Yao & Yang, 1977 …… 156
23. 桂林鳅鮀 *Gobiobotia guilinensis* Chen, 1989 …… 157
24. 广西鱊 *Acheilognathus meridianus* (Wu, 1939) …… 158
25. 侧条光唇鱼 *Acrossocheilus parallens* (Nichols, 1931) …… 160
26. 带半刺光唇鱼 *Acrossocheilus hemispinus cintus* (Lin, 1931) …… 161
27. 直口鲮 *Rectoris posehensis* Lin, 1935 …… 162
28. 长须直口鲮 *Rectoris longibarbus* Zhu, Zhang & Lan, 2012 …… 163
29. 巴马拟缨鱼 *Pseudocrossocheilus bamaensis* (Fang, 1981) …… 164
30. 柳城拟缨鱼 *Pseudocrossocheilus liuchengensis* (Liang, Liu & Wu, 1987) …… 165
31. 长鳍异华鲮 *Parasinilabeo longiventralis* Huang, Chen & Yang, 2007 …… 166
32. 长须异华鲮 *Parasinilabeo longibarbus* Zhu, Lan & Zhang, 2006 …… 167
33. 长沟宽唇鱼 *Prolixicheilus longisulcus* (Zheng, Chen & Yang, 2010) …… 168
34. 狭吻鱼 *Stenorynchoacrum xijiangensis* Huang, Yang & Chen, 2014 …… 169
35. 大眼卷口鱼 *Ptychidio macrops* Fang, 1981 …… 170
36. 都安蓝鲮 *Lanlabeo duanensis* Yao, He & Peng, 2018 …… 171
37. 巴门褶吻鲮 *Cophecheilus bamen* Zhu, Zhang, Zhang & Han, 2011 …… 172
38. 短须褶吻鲮 *Cophecheilus brevibarbatus* He, Huang, He & Yang, 2015 …… 173
39. 靖西左江鲮 *Zuojiangia jingxiensis* Zheng, He, Yang & Wu, 2018 …… 174
40. 小口红水鲮 *Hongshuia microstomatus* (Wang & Chen, 1989) …… 175
41. 大眼红水鲮 *Hongshuia megalophthalmus* (Chen, Yang & Cui, 2006) …… 176
42. 袍里红水鲮 *Hongshuia paoli* Zhang, Qiang & Lan, 2008 …… 177
43. 才劳桂墨头鱼 *Guigarra cailaoensis* Wang, Chen & Zheng, 2022 …… 178
44. 那坡华墨头鱼 *Sinigarra napoense* Zhang & Zhou, 2012 …… 179
45. 缺刻墨头鱼 *Garra incisorbis* Zheng, Yang & Chen, 2016 …… 180
46. 多线盘鮈 *Discogobio multilineatus* Cui, Zhou & Lan, 1993 …… 181
47. 伍氏盘口鲮 *Discocheilus wui* (Chen & Lan, 1992) …… 182
48. 三角鲤 *Cyprinus multitaeniata* Pellegrin & Chevey, 1936 …… 183
49. 线纹原缨口鳅 *Vanmanenia lineata* (Fang, 1935) …… 184
50. 平头原缨口鳅 *Vanmanenia homalocephala* Zhang & Zhao, 2000 …… 186
51. 中华游吸鳅 *Erromyzon sinensis* (Chen, 1980) …… 188
52. 美斑游吸鳅 *Erromyzon kalotaenia* Yang, Kottelat, Yang & Chen, 2012 …… 190
53. 大明山游吸鳅 *Erromyzon damingshanensis* Xiu & Yang, 2017 …… 192
54. 巴马似原吸鳅 *Paraprotomyzon bamaensis* Tang, 1997 …… 194

55. 条斑爬岩鳅 *Beaufortia zebroidus* (Fang, 1930) …… 196
56. 秉氏爬岩鳅 *Beaufortia pingi* (Fang, 1930) …… 198
57. 贵州爬岩鳅 *Beaufortia kweichowensis* (Fang, 1931) …… 200
58. 圆体爬岩鳅 *Beaufortia cyclica* Chen, 1980 …… 202
59. 广西爬鳅 *Balitora kwangsiensis* (Fang, 1930) …… 204
60. 禄峒爬鳅 *Balitora ludongensis* Liu & Chen, 2012 …… 206
61. 矮身间吸鳅 *Hemimyzon pumilicorpora* Zheng & Zhang, 1987 …… 208
62. 伍氏华吸鳅 *Sinogastromyzon wui* Fang, 1930 …… 210
63. 糙隐鳍鲇 *Pterocryptis anomala* (Herre, 1934) …… 212
64. 长须鲇 *Silurus longibarbatus*, Li, Li, Zhang & He, 2019 …… 213
65. 都安鲇 *Silurus duanensis* Hu, Lan & Zhang, 2004 …… 214
66. 纵带鮠 *Leiocassis argentivittatus* (Regan, 1905) …… 215
67. 蓝氏拟鲿 *Pseudobagrus lani* (Cheng, Shao, López & Zhang, 2021) …… 216
68. 钝吻细齿鮈 *Microdous amblyrhynchos* Hu, Lan & Li, 2023 …… 217
69. 蓝氏新沙塘鳢 *Neodontobutis lani* Zhou & Li, 2022 …… 218

第五篇　山溪珍稀鱼类 …… 219

1. 无斑南鳅 *Schistura incerta* (Nichols, 1931) …… 219
2. 异鱲 *Parazacco spilurus* (Günther, 1868) …… 220
3. 南方波鱼 *Rasbora steineri* Nichols & Pope, 1927 …… 222
4. 尖头大吻鱥 *Rhynchocypris oxycephalus* (Sauvage & Dabry de Thiersant, 1874) …… 223
5. 伍氏半䱗 *Hemiculterella wui* (Wang, 1935) …… 224
6. 间䱻 *Hemibarbus medius* Yue, 1995 …… 225
7. 小鳈 *Sarcocheilichthys parvus* Nichols, 1930 …… 226
8. 片唇鮈 *Platysmacheilus exiguous* (Lin, 1932) …… 228
9. 棒花鱼 *Abbottina rivularis* (Basilewsky, 1855) …… 229
10. 福建小鳔鮈 *Microphysogobio fukiensis* (Nichols, 1926) …… 230
11. 乐山小鳔鮈 *Microphysogobio kiatingensis* (Wu, 1930) …… 231
12. 嘉积小鳔鮈 *Microphysogobio kachekensis* (Oshima, 1926) …… 232
13. 洞庭小鳔鮈 *Microphysogobio tungtingensis* (Nichols, 1926) …… 233
14. 建德小鳔鮈 *Microphysogobio tafangensis* (Wang, 1935) …… 234
15. 长体小鳔鮈 *Microphysogobio elongatus* (Yao & Yang, 1977) …… 236
16. 厚唇光唇鱼 *Acrossocheilus labiatus* (Regan, 1908) …… 237
17. 北江光唇鱼 *Acrossocheilus beijiangensis* Wu & Lin, 1977 …… 238
18. 细身白甲鱼 *Onychostoma elongatum* (Pellegrin & Chevey, 1934) …… 239
19. 泉水鱼 *Pseudogyrinocheilus prochilus* (Sauvage & Dabry de Thiersant, 1874) …… 240
20. 云南盘鮈 *Discogobio yunnanensis* (Regan, 1907) …… 241
21. 拟平鳅 *Liniparhomaloptera disparis* (Lin, 1934) …… 242

22. 似原吸鳅 *Paraprotomyzon multifasciatus* Pellegrin & Fang, 1935 ······ 244
23. 平舟原缨口鳅 *Vanmanenia pingchowensis* (Fang, 1935) ······ 246
24. 方氏品唇鳅 *Pseudogastromyzon fangi* (Nichols, 1931) ······ 248
25. 中华纹胸鮡 *Glyptothorax sinensis* (Regan, 1908) ······ 250
26. 等颌鉠 *Liobagrus aequilabris* Wright & Ng, 2008 ······ 252
27. 条纹鮠 *Leiocassis virgatus* (Oshima, 1926) ······ 254
28. 中华沙塘鳢 *Odontobutis sinensis* Wu, Chen & Chong, 2002 ······ 255
29. 小黄黝鱼 *Micropercops cinctus* (Dabry & Thiersant, 1872) ······ 256
30. 萨氏华黝鱼 *Sineleotris saccharae* Herre, 1940 ······ 257
31. 海南新沙塘鳢 *Neodontobutis hainanensis* (Chen, 1985) ······ 258
32. 溪吻鰕虎鱼 *Rhinogobius duospilus* (Herre, 1935) ······ 259
33. 宽额鳢 *Channa gachua* (Hamilton, 1822) ······ 260
34. 月鳢 *Channa asiatica* (Linnaeus, 1758) ······ 261
35. 刺鳅 *Mastacembelus sinensis* (Bleeker, 1870) ······ 262

第六篇　西江名贵鱼类 ······ 263

1. 弓斑东方鲀 *Takifugu ocellatus* (Osbeck, 1757) ······ 263
2. 斑鳜 *Siniperca scherzeri* Steindachner, 1892 ······ 264
3. 大眼鳜 *Siniperca kneri* Garman, 1912 ······ 265
4. 花鲈 *Lateolabrax japonicus* (Cuvier, 1828) ······ 266
5. 大刺鳅 *Mastacembelus armatus* (Lacépède, 1800) ······ 267
6. 鲇 *Silurus asotus* Linnaeus, 1758 ······ 268
7. 粗唇鮠 *Leiocassis crassilabris* Güther, 1864 ······ 269
8. 大鳍鳠 *Mystus macropterus* (Bleeker, 1870) ······ 270

第七篇　西江经济鱼类 ······ 271

1. 大口鲇 *Silurus meridionalis* Chen, 1977 ······ 271
2. 斑鳢 *Channa maculate* (Lacépède, 1801) ······ 272
3. 青鱼 *Mylopharyngodon piceus* (Richardson, 1846) ······ 273
4. 鳡 *Elopichthys bambusa* (Richardson, 1845) ······ 274
5. 光倒刺鲃 *Spinibarbus hollandi* Oshima, 1919 ······ 275
6. 中华倒刺鲃 *Spinibarbus sinensis* (Bleeker, 1871) ······ 276
7. 倒刺鲃 *Spinibarbus denticulatus* (Oshima, 1926) ······ 277
8. 赤眼鳟 *Squaliobarbus curriculus* (Richardson, 1846) ······ 278
9. 鳊 *Parabramis pekinensis* (Basilewsky, 1855) ······ 279
10. 蒙古红鳍鲌 *Chanodichthys mongolicus* (Basilewsky, 1855) ······ 280
11. 圆吻鲴 *Distoechodon tumirostris* Peters, 1880 ······ 281
12. 七丝鲚 *Coilia grayii* Richardson, 1845 ······ 282
13. 白肌银鱼 *Leucosoma chinensis* (Osbeck, 1765) ······ 283

14. 壮体华沙鳅 *Sinibotia robusta* (Wu, 1939) ······ 284
15. 花斑副沙鳅 *Parabotia fasciata* Dabry de Thiersant, 1872 ······ 285
16. 大鳞副泥鳅 *Paramisgurnus dabryanus* (Dabry de Thiersant, 1872) ······ 286
17. 红鳍鲌 *Chanodichthys erythropterus* (Basilewsky, 1855) ······ 287
18. 飘鱼 *Pseudolaubuca sinensis* Bleeker, 1864 ······ 288
19. 蛇鮈 *Saurogobio dabryi* Bleeker, 1871 ······ 289
20. 东方墨头鱼 *Garra orientalis* Nichols, 1925 ······ 290
21. 四须盘鮈 *Discogobio tetrabarbatus* Lin, 1931 ······ 291
22. 须鲫 *Carassioides acuminatus* (Richardson, 1846) ······ 292
23. 海南鳅鮀 *Gobiobotia kolleri* Bănărescu & Nalbant, 1966 ······ 293
24. 尖头塘鳢 *Eleotris oxycephala* Temminck & Schlegel, 1845 ······ 294
25. 舌鰕虎鱼 *Glossogobius giuris* (Hamilton, 1822) ······ 295
26. 子陵吻鰕虎鱼 *Rhinogobius giurinus* (Rutter, 1897) ······ 296

第八篇　其他珍稀鱼类 ······ 297

1. 武昌副沙鳅 *Parabotia banarescui* (Nalbant, 1965) ······ 297
2. 点面副沙鳅 *Parabotia maculosa* (Wu, 1939) ······ 298
3. 寡鳞飘鱼 *Pseudolaubuca engraulis* (Nichols, 1925) ······ 299
4. 海南似鱎 *Toxabramis houdemeri* Pellegrin, 1932 ······ 300
5. 线纹梅氏鳊 *Metzia lineata* (Pellegrin, 1907) ······ 301
6. 大鳍鱊 *Acheilognathus macropterus* (Bleeker, 1871) ······ 302
7. 须鱊 *Acheilognathus barbatus* Nichols, 1926 ······ 303
8. 短须鱊 *Acheilognathus barbatulus* Günther, 1873 ······ 304
9. 越南鱊 *Acheilognathus tonkinensis* (Vaillent, 1892) ······ 306
10. 高体鳑鲏 *Rhodeus ocellatus* (Kner, 1866) ······ 308
11. 青鳉 *Oryzias latipes* (Temminck & Schlegel, 1846) ······ 310
12. 粘皮鲻鰕虎鱼 *Mugilogobius myxodermus* (Herre, 1935) ······ 311

参考文献 ······ 312

中文名称索引 ······ 317

拉丁学名索引 ······ 321

第一篇 国家级保护鱼类

1. 鲥 *Tenualosa reevesii* (Richardson, 1846)

分类地位： 鲱形目 Clupeiformes 鲱科 Clupeidae 鲥属 *Tenualosa*。

鉴别特征： 体长椭圆形，侧扁。背鳍iii -13-15，臀鳍ii -15-17，体被薄圆鳞，无侧线，纵列鳞 40 ~ 43 枚。腹缘锐，吻圆钝。口小，端位，口裂稍倾斜。前颌骨中间有显著的缺刻，眼较小，上侧位。眼间隔窄，中间隆起。鳃孔大，假鳃发达。鳃盖膜不与峡部相连。背鳍与臀鳍有低鳞鞘，胸鳍与腹鳍基具腋鳞。背鳍始于体中央稍后的上方。臀鳍距尾鳍基近，其基部约与背鳍基等长。胸鳍后伸不达腹鳍起点，腹鳍起点位于背鳍的下方。尾鳍深叉形。

种群状况： 近 30 年已不见踪影，历史记录西江干流盛产鲥鱼，20 世纪 50 年代桂平东塔鲥鱼最高年产量达 550 t。

地理分布： 为溯河产卵洄游性鱼类，资料记录由西江干流洄游至桂平东塔产卵场产卵繁殖。以浮游生物和小型甲壳类动物为食。

珍稀程度： 国家一级保护水生野生动物。

2. 中华鲟 *Acipenser sinensis* Gray, 1835

分类地位： 鲟形目 Acipenseriformes 鲟科 Acipenseridae 鲟属 *Acipenser*。

鉴别特征： 体近圆筒形。头延长，呈三角形，背面具骨板。吻延长，吻端尖而略上翘。口下位，无齿；唇具细小乳突；口前有 2 对须。鳃孔大；鳃耙细尖，排列稀疏。体被 5 纵行骨板，骨板具棘状突起。背鳍基部较短，起点靠后。腹鳍小，在背鳍起点前下方。臀鳍起点在背鳍中部下方。尾鳍上叶明显长于下叶。肛门在臀鳍起点前方。体背部青灰色，腹部略白；各鳍灰色，边缘色浅。

种群状况： 目前在广西江河已基本绝迹。20 世纪至 21 世纪初，在柳江与红水河汇合的石龙三江口，渔民常常捕获 150 ~ 250 kg 的个体。

地理分布： 历史上在广西西江干流的梧州、桂平、象州石龙均有分布。

珍稀程度： 国家一级保护水生野生动物。

3. 花鳗鲡 *Anguilla marmorata* Quoy & Gaimard, 1824

分类地位： 鳗鲡目 Anguilliformes 鳗鲡科 Anguillidae 鳗鲡属 *Anguilla*。

鉴别特征： 体延长，躯干近圆筒形。背鳍起点在鳃孔后上方，距鳃孔的距离小于距肛门的距离。背鳍、臀鳍发达，与尾鳍相连。体背部密布黄绿色斑点。

种群状况： 野生种群数量稀少，偶有捕获。

地理分布： 广西各主要江河及各入海河流均有分布。为降河洄游性鱼类。成鱼栖息于江河、水库，繁殖季节入海产卵。

珍稀程度： 国家二级重点保护水生野生动物。

4. 无眼中华喀鳅 *Karstsinnectes anophthalmus* (Zheng, 1981)

分类地位： 鲤形目 Cypriniformes 条鳅科 Nemacheilidae 中华喀鳅属 *Karstsinnectes*。

鉴别特征： 体延长，头平扁，前躯圆筒形。吻部圆钝。口下位，弧形，唇光滑。无眼。前、后鼻孔分开一短距；前鼻孔在一短的管状突起中，末端延长呈须状。下颌匙状。须 3 对，外侧吻须最长。皮肤光滑，通体无鳞。无侧线孔。尾柄上、下缘具软鳍褶。背鳍起点位于腹鳍起点之后。尾鳍后缘平截，微凹。生活时通体半透明，呈肉红色；眼眶内充满脂肪，各鳍透明、无色。

种群状况： 种群数量极少。

地理分布： 分布于广西南宁市武鸣区城厢镇夏黄村的起风山太极洞及其附近的地下河。生活于洞穴深处，为典型洞穴鱼类。

珍稀程度： 国家二级重点保护水生野生动物。

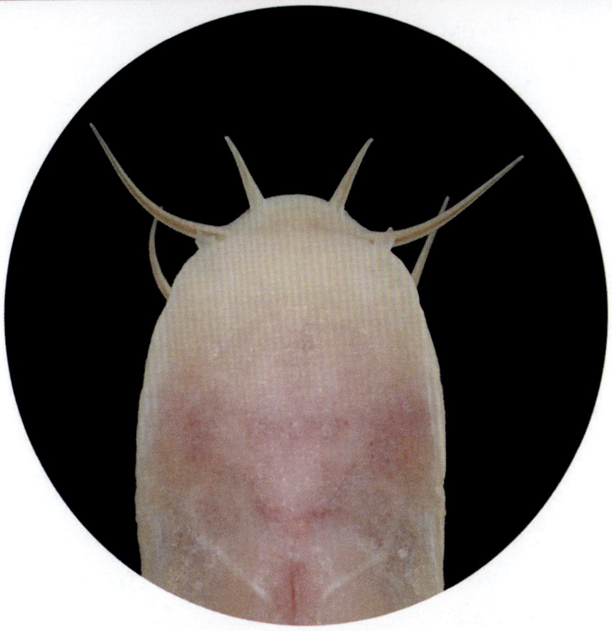

5. 唐鱼 *Tanichthys albonubes* Lin, 1932

分类地位：鲤形目 Cypriniformes 鲤科 Cyprinidae 唐鱼属 *Tanichthys*。

鉴别特征：体小，侧扁，腹部圆。吻短钝。口亚上位，下颌稍突出。唇薄。无须。眼大。体被中等大的圆鳞，无侧线。背鳍无硬刺，其起点明显位于腹鳍起点之后、臀鳍起点之前。臀鳍长，分枝鳍条 8 根。尾鳍深叉形。生活时体色艳丽。体背棕色，腹部银白色；沿体侧中轴具一灰色条纹延伸至尾鳍基部；尾鳍基部具一黑色圆斑；除尾鳍外，各鳍边缘具银白色亮斑。

种群状况：产地有一定种群数量，但个体很小。

地理分布：分布于广西贵港桂平市郊的山溪，分布区域窄。生活于山涧，喜集群。

珍稀程度：国家二级重点保护水生野生动物。

6. 鯮 *Luciobrama macrocephalus* (Lacépède, 1803)

分类地位： 鲤形目 Cypriniformes 鲤科 Cyprinidae 鯮属 *Luciobrama*。

鉴别特征： 体延长，稍侧扁。头尖长，前端呈管状。吻略平扁。口端位，下颌略长于上颌；口裂大，末端接近眼前缘下方。眼小。鳞小，侧线完全，侧线鳞 130 枚以上。背鳍短，起点位于腹鳍起点之后。背鳍和臀鳍外缘内凹。尾鳍深分叉。体背浅灰色，体侧及腹部银白色；胸鳍、腹鳍和臀鳍基部黄色，背鳍和尾鳍深灰色。

种群状况： 数量极为稀少，已有标本大都为 20 世纪 80 年代在红水河采集。推测广西境内的西江干流可能还有少量个体，但已很难见到。

地理分布： 历史上分布于红水河及西江干流。生活于水体上层，以小鱼为食。

珍稀程度： 国家二级重点保护水生野生动物。

7. 大鳞金线鲃 *Sinocyclocheilus macrolepis* Wang & Chen, 1989

分类地位： 鲤形目 Cypriniformes 鲤科 Cyprinidae 金线鲃属 *Sinocyclocheilus*。

鉴别特征： 体侧扁。吻圆钝。口端位，上颌略长于下颌。眼正常。须 2 对。全身被鳞，侧线鳞稍大于体鳞；侧线鳞 53 ~ 65 枚，侧线上鳞 12 ~ 14 枚，侧线下鳞 5 ~ 6 枚。背鳍末根不分枝鳍条柔软分节，后缘光滑。

种群状况： 种群数量少。

地理分布： 分布于贵州省荔波县，广西南丹县、环江县的地下河流中。洞穴鱼类，丰水期常出洞觅食。

珍稀程度： 国家二级重点保护水生野生动物。

8. 桂林金线鲃 *Sinocyclocheilus guilinensis* Ji, 1985

分类地位： 鲤形目 Cypriniformes 鲤科 Cyprinidae 金线鲃属 *Sinocyclocheilus*。

鉴别特征： 体侧扁。口端位，上颌略长于下颌。眼小；侧线鳞 41 ~ 50 枚，侧线上鳞 19 ~ 26 枚，侧线下鳞 13 ~ 16 枚，围尾柄鳞 36 ~ 44 枚。背鳍末根不分枝鳍条柔软分节，后缘光滑无锯齿；胸鳍短，后伸远不达腹鳍起点；尾鳍深凹，叉形。

种群状况： 种群数量少。

地理分布： 分布于广西桂林市郊多处溶洞。洞穴鱼类。

珍稀程度： 国家二级重点保护水生野生动物。

9. 季氏金线鲃 *Sinocyclocheilus jii* Zhang & Dai, 1992

分类地位： 鲤形目 Cypriniformes 鲤科 Cyprinidae 金线鲃属 *Sinocyclocheilus*。

鉴别特征： 体侧扁。口端位，上颌略长于下颌。眼中等大；侧线鳞 47 ~ 52 枚，侧线上鳞 27 ~ 29 枚。背鳍末根不分枝鳍条柔软分节，后缘光滑无锯齿；胸鳍短，后伸远不达腹鳍起点；尾鳍叉形。生活时体青灰色，体侧沿侧线上部具多个不明显的褐色斑纹。

种群状况： 种群数量较多。

地理分布： 分布于贺江上游的富川县境内。洞穴鱼类，丰水期常游出洞外觅食。

珍稀程度： 国家二级重点保护水生野生动物。

10. 灌阳金线鲃 *Sinocyclocheilus guanyangensis* Chen, Peng & Zhang, 2016

分类地位：鲤形目 Cypriniformes 鲤科 Cyprinidae 金线鲃属 *Sinocyclocheilus*。

鉴别特征：体延长，侧扁。头较小，吻端近圆锥形。无眼。口亚下位。须 2 对，发达，口角须末端超过前鳃盖骨后缘。体鳞中等大，侧线鳞 61 ~ 64 枚，侧线上鳞 22 ~ 23 枚，侧线下鳞 14 ~ 16 枚，围尾柄鳞 44 ~ 46 枚。背鳍起点约与腹鳍起点相对，末根不分枝鳍条柔软，后缘无锯齿；胸鳍短，不达腹鳍起点；背鳍分枝鳍条 7 根。生活时体深灰色，腹部略白；身体背部颜色较深，体侧及腹部颜色较浅；通体无斑纹。

种群状况：种群数量少，个体较大。

地理分布：分布于广西桂林市灌阳县观音阁乡响水洞。典型洞穴鱼类。

珍稀程度：国家二级重点保护水生野生动物。

11. 融安金线鲃 *Sinocyclocheilus ronganensis* Luo, Huang & Wen, 2016

分类地位：鲤形目 Cypriniformes 鲤科 Cyprinidae 金线鲃属 *Sinocyclocheilus*。

鉴别特征：体延长，侧扁。头背交界处略隆起。头较小。口亚下位。须 2 对，发达，口角须末端超过前鳃盖骨后缘。体鳞较大，侧线鳞 59～64 枚，侧线上鳞 12～13 枚，侧线下鳞 8～9 枚，围尾柄鳞 28～32 枚。背鳍起点位于腹鳍起点之前，末根不分枝鳍条下半段为硬刺，后缘具弱锯齿，上半段柔软分节，背鳍分枝鳍条 7～8 根；胸鳍中等长，后伸接近或伸达腹鳍起点；臀鳍外缘平截；尾鳍深分叉。生活时体深灰色，腹部略白；体侧中轴侧线上或侧线上方有 5～7 个黑色斑点，背鳍下方头后沿背缘两侧有 9～12 个黑色斑点。

种群状况：分布地有一定种群数量，个体较大。

地理分布：分布于广西柳州市融安县沙子乡一带洞穴。洞穴鱼类，常到洞口见光处觅食。

珍稀程度：国家二级重点保护水生野生动物。

12. 环江金线鲃 *Sinocyclocheilus huanjiangensis* Wu, Gan & Li, 2010

分类地位： 鲤形目 Cypriniformes 鲤科 Cyprinidae 金线鲃属 *Sinocyclocheilus*。

鉴别特征： 体侧扁，延长。口端位，上颌略长于下颌。眼大，明晰。须 2 对，发达，吻须后伸超过眼后缘。全身被细小鳞片，侧线鳞 54 ~ 65 枚，侧线上鳞 21 ~ 25 枚，侧线下鳞 12 ~ 17 枚。背鳍末根不分枝鳍条下半段变硬，后缘具弱的锯齿，末端柔软，具 8 根分枝鳍条。生活时体银灰色，侧线上体侧颜色略深。体侧沿侧线有一不明显的褐色条纹。

种群状况： 种群数量少。

地理分布： 分布于广西河池市环江县长美乡的大环江支流的洞穴。洞穴鱼类。

珍稀程度： 国家二级重点保护水生野生动物。

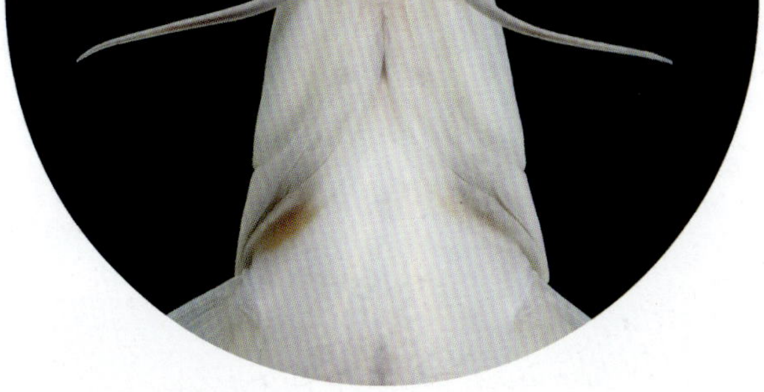

13. 宜山金线鲃 *Sinocyclocheilus yishanensis* Li & Lan, 1992

分类地位： 鲤形目 Cypriniformes 鲤科 Cyprinidae 金线鲃属 *Sinocyclocheilus*。

鉴别特征： 体侧扁。吻端圆，有一小突起在吻端背部正中。口端位。须 2 对，发达；口角须稍长，超过眼后缘。眼大。通体被鳞。背鳍末根不分枝鳍条下半段变硬，后缘具弱的锯齿，末端柔软，具 7 根分枝鳍条。生活时体浅灰色，体侧无明显斑纹。

种群状况： 种群数量较多，在宜州区里洞水库是经济鱼类之一。

地理分布： 分布于广西河池市宜州区里洞水库、同德乡，来宾市忻城县，柳州市柳江区境内的洞穴。

珍稀程度： 国家二级重点保护水生野生动物。

14. 短身金线鲃 *Sinocyclocheilus brevis* Lan & Chen, 1992

分类地位： 鲤形目 Cypriniformes 鲤科 Cyprinidae 金线鲃属 *Sinocyclocheilus*。

鉴别特征： 体侧扁。头后背部隆起。吻稍尖，向前突出。眼较小。须 2 对，发达。鳞片小，胸腹部鳞片浅埋于皮下。侧线鳞明显大于体鳞，侧线完全。背鳍末根不分枝鳍条基部较强硬，顶部柔软分节，后缘具锯齿，背鳍分枝鳍条 7 根。尾鳍深分叉。生活时体淡红色，身体无斑纹。

种群状况： 种群数量很少。

地理分布： 分布于广西河池市罗城县天河镇境内地下河，属龙江天河支流。典型洞穴鱼类。

珍稀程度： 国家二级重点保护水生野生动物。

15. 短须金线鲃 *Sinocyclocheilus brevibarbatus* Zhao, Lan & Zhang, 2009

分类地位： 鲤形目 Cypriniformes 鲤科 Cyprinidae 金线鲃属 *Sinocyclocheilus*。

鉴别特征： 体侧扁。背部轮廓自头后部隆起。头小，眼前部平扁，呈鸭嘴形。吻长小于眼后头长。眼中等大。口亚下位。须 2 对，短小。吻须不达眼前缘；口角须不达眼后缘。鳞片较大，侧线鳞 45 ~ 50 枚。背鳍末根不分枝鳍条下半段为硬刺，后缘有弱锯齿，上半段柔软分节；背鳍分枝鳍条 7 ~ 8 根。胸鳍长，后伸超过腹鳍起点。生活时体淡红色呈半透明状；部分个体侧线上体侧颜色略深，具不规则浅灰色斑纹。

种群状况： 种群数量很少。

地理分布： 分布于广西河池市都安县高岭镇、地苏镇地下河。典型洞穴鱼类。

珍稀程度： 国家二级重点保护水生野生动物。

16. 长须金线鲃 *Sinocyclocheilus longibarbatus* Wang & Chen, 1989

分类地位： 鲤形目 Cypriniformes 鲤科 Cyprinidae 金线鲃属 *Sinocyclocheilus*。

鉴别特征： 体侧扁。背面自头背交界处开始向后隆起。吻尖，向前突出。口亚下位。眼中等大。须 2 对，发达；吻须后伸可达主鳃盖骨前缘；口角须后伸可达主鳃盖骨后缘。鳞片小，侧线鳞 61 ~ 77 枚，侧线上鳞 24 ~ 39 枚，侧线下鳞 12 ~ 24 枚。背鳍末根不分枝鳍条强硬，基部变粗变硬且后缘锯齿状，末端柔软分节。生活时体淡红色，头和体背部具不规则灰色斑纹；部分个体背部及体两侧呈青色。

种群状况： 种群数量多。

地理分布： 分布于广西河池市南丹县、环江县的地下河。洞穴鱼类，常在洞穴见光处觅食，长时间见光后体色渐渐变深与地表鱼类相近。

珍稀程度： 国家二级重点保护水生野生动物。

17. 巨须金线鲃 *Sinocyclocheilus hugeibarbus* Li & Ran, 2003

分类地位： 鲤形目 Cypriniformes 鲤科 Cyprinidae 金线鲃属 *Sinocyclocheilus*。

鉴别特征： 体侧扁。背面自头背交界处开始向后隆起。吻略尖，向前突出。口下位。须 2 对，发达；吻须后伸可达主鳃盖骨前缘；口角须后伸可达主鳃盖骨后缘。鳞片小，侧线鳞 65 ~ 82 枚，侧线上鳞 24 ~ 31 枚，侧线下鳞 13 ~ 17 枚。背鳍末根不分枝鳍条基部变硬且后缘呈锯齿状，末端柔软分节；背鳍分枝鳍条 7 根。胸鳍长，后伸可达腹鳍起点。生活时体白色，通体无色素。

种群状况： 种群数量少。

地理分布： 分布于贵州荔波县境内的地下河流。

珍稀程度： 国家二级重点保护水生野生动物。

18. 凌云金线鲃 *Sinocyclocheilus lingyunensis* Li, Xiao & Luo, 2000

分类地位： 鲤形目 Cypriniformes 鲤科 Cyprinidae 金线鲃属 *Sinocyclocheilus*。

鉴别特征： 体延长，侧扁。头较小，吻相对短，吻端圆钝。眼中等大。口端位或亚下位。须 2 对，发达。体鳞中等大，侧线鳞 71 ~ 78 枚。背鳍起点明显地在腹鳍起点之后上方；末根不分枝鳍条下半段为硬刺，后缘有锯齿，上半段柔软分节；背鳍分枝鳍条 7 根。生活时体青灰色，部分个体淡红色；体侧无斑纹。

种群状况： 种群数量较多。

地理分布： 分布于广西百色市凌云县泗城镇沙洞，逻楼镇安水村、降村等地的地下河。在沙洞是典型的洞穴鱼类，但在逻楼镇安水村、降村等地常游出洞外觅食，其体色也渐渐变青。

珍稀程度： 国家二级重点保护水生野生动物。

19. 东兰金线鲃 *Sinocyclocheilus donglanensis* Zhao, Watanabe & Zhang, 2006

分类地位：鲤形目 Cypriniformes 鲤科 Cyprinidae 金线鲃属 *Sinocyclocheilus*。

鉴别特征：体延长，侧扁。口亚下位。须 2 对，较长，吻须后伸超过眼后缘。眼中等大。侧线鳞 57 ~ 64 枚。背鳍起点位于体中部；背鳍末根不分枝鳍条基部较硬，后缘具锯齿；背鳍分枝鳍条 7 根。体青灰色，体侧鳃盖骨后缘沿体中线向后延伸至尾鳍基有一不明显的黑色纵带纹。

种群状况：种群数量少。

地理分布：分布于广西河池市东兰县三石镇、泗孟乡等地的地下河。洞穴鱼类。

珍稀程度：国家二级重点保护水生野生动物。

20. 九圩金线鲃 *Sinocyclocheilus jiuxuensis* Li & Lan, 2003

分类地位：鲤形目 Cypriniformes 鲤科 Cyprinidae 金线鲃属 *Sinocyclocheilus*。

鉴别特征：体延长，侧扁。背面自头身交界处开始显著隆起。头部平扁，吻端圆钝；口下位。眼小。须 2 对，中等长；口角须仅达或略超过眼后缘。胸鳍长，超过腹鳍起点。腹鳍起点位于背鳍起点的前下方。背鳍末根不分枝鳍条基部较硬，后缘具锯齿；背鳍分枝鳍条 7 根。尾鳍叉形。体鳞中等大，覆盖全身。侧线鳞 42 ~ 51 枚。生活时体呈半透明状，淡红色；体侧无斑纹。

种群状况：种群数量少。

地理分布：分布于广西河池市金城江区九圩镇附近的地下河。典型洞穴鱼类。

珍稀程度：国家二级重点保护水生野生动物。

21. 马山金线鲃 *Sinocyclocheilus mashanensis* Wu, Liao & Li, 2010

分类地位： 鲤形目 Cypriniformes 鲤科 Cyprinidae 金线鲃属 *Sinocyclocheilus*。

鉴别特征： 体延长，侧扁。身体背部在头背交界处隆起。吻钝，平扁。口亚下位，口裂呈马蹄形。眼小。须 2 对，吻须远不达眼前缘，口角须后伸达眼后缘。通体被鳞；侧线完全，侧线鳞 42 ~ 46 枚，侧线上鳞 14 ~ 17 枚，侧线下鳞 9 ~ 12 枚。背鳍末根不分枝鳍条为硬刺，后缘具锯齿；胸鳍长，后伸超过腹鳍起点；尾鳍深分叉。生活时呈半透明状，淡黄色；体侧无斑纹，仅背部颜色略深。

种群状况： 种群数量少。

地理分布： 分布于广西南宁市马山县古寨乡和古零镇。典型洞穴鱼类。

珍稀程度： 国家二级重点保护水生野生动物。

22. 高肩金线鲃 *Sinocyclocheilus altishoulderus* (Li & Lan, 1992)

分类地位： 鲤形目 Cypriniformes 鲤科 Cyprinidae 金线鲃属 *Sinocyclocheilus*。

鉴别特征： 体高，侧扁。背部轮廓拱起呈弓形。头前部平扁呈鸭嘴状。吻突出。口亚下位。眼较小。须 2 对，发达。鳞片较大，侧线鳞 42 ~ 52 枚。背鳍末根不分枝鳍条为硬刺，后缘具锯齿，末端柔软分节；背鳍分枝鳍条 8 ~ 9 根。胸鳍后伸超过腹鳍起点。腹鳍后伸达肛门。尾鳍叉形。生活时体浅灰色，腹部略白，身体沿侧线上部体侧颜色略深。

种群状况： 种群数量少。

地理分布： 分布于广西河池市东兰县三石镇一带的地下河。典型洞穴鱼类。

珍稀程度： 国家二级重点保护水生野生动物。

23. 大眼金线鲃 *Sinocyclocheilus macrophthalmus* Zhang & Zhao, 2001

分类地位：鲤形目 Cypriniformes 鲤科 Cyprinidae 金线鲃属 *Sinocyclocheilus*。

鉴别特征：体侧扁。头大，吻圆钝。眼较大。须 2 对，发达，后伸达主鳃盖骨。鳞片细小，侧线鳞 55 ~ 69 枚。背鳍末根不分枝鳍条中下部较硬，后缘具锯齿；背鳍分枝鳍条 8 根。胸鳍末端后伸不达腹鳍。腹鳍起点约与背鳍第 2 分枝鳍条相对。尾鳍深分叉。野生个体身体呈半透明状。室内养殖个体颜色变深，尾鳍基部可见 1 条较明显的深褐色斑纹。

种群状况：种群数量较少。

地理分布：分布于广西河池市都安县、大化县境内的地下河。洞穴鱼类，常游到见光处觅食。

珍稀程度：国家二级重点保护水生野生动物。

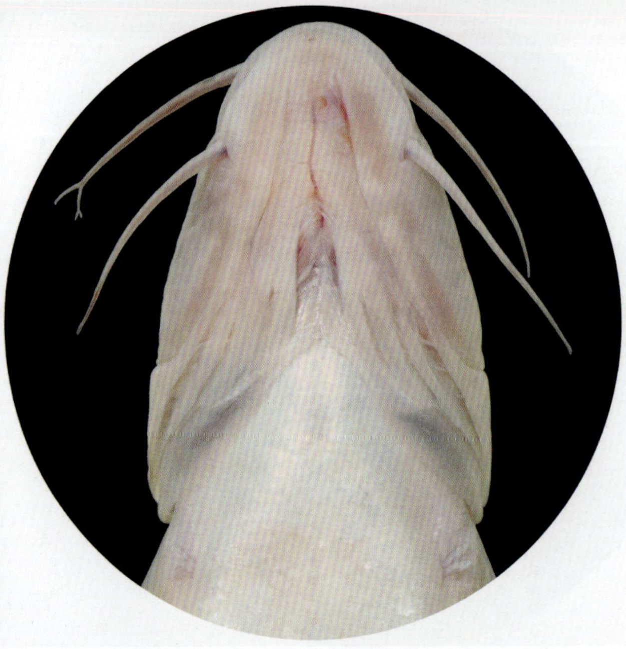

24. 小眼金线鲃 *Sinocyclocheilus microphthalmus* Li, 1989

分类地位：鲤形目 Cypriniformes 鲤科 Cyprinidae 金线鲃属 *Sinocyclocheilus*。

鉴别特征：体高，侧扁。头前部平扁呈鸭嘴状。头后背部拱起呈弓形。口亚下位。眼小。须 2 对，发达。鳞片较大，侧线鳞 42 ~ 49 枚。背鳍末根不分枝鳍条为硬刺，后缘具锯齿，末端柔软分节；背鳍分枝鳍条 8 ~ 9 根。胸鳍后伸超过腹鳍起点。腹鳍后伸达肛门。尾鳍深分叉。生活时体苍白，略带红色；身体无斑纹。

种群状况：种群数量较多。

地理分布：分布于广西河池市凤山县、巴马县和百色市凌云县的地下河。典型洞穴鱼类。

珍稀程度：国家二级重点保护水生野生动物。

25. 曲背金线鲃 *Sinocyclocheilus flexuosdorsalis* Zhu & Zhu, 2012

分类地位： 鲤形目 Cypriniformes 鲤科 Cyprinidae 金线鲃属 *Sinocyclocheilus*。

鉴别特征： 体延长，侧扁。头背交界处形成向前的肉质角状突起；侧面观，角状突起前端略向下弯曲。吻钝圆。头部平扁，呈鸭嘴状。眼退化，仅残留一黑色眼点。口亚下位。须 2 对；向后伸都可达眼点。背鳍末根不分枝鳍条顶部柔软分节，下部略硬，后缘具锯齿；背鳍分枝鳍条 7 ~ 8 根。胸鳍长，后伸超过腹鳍起点。尾鳍深分叉。除头部外全身覆有鳞片，侧线鳞 37 ~ 40 枚。生活时体呈肉红色，半透明状；身体无斑纹。

种群状况： 种群数量稀少。

地理分布： 分布于广西百色市隆林县天生桥镇岩场村一洞穴。典型洞穴鱼类。

珍稀程度： 国家二级重点保护水生野生动物。

26. 田林金线鲃 *Sinocyclocheilus tianlinensis* Zhou, Zhang & He, 2004

分类地位： 鲤形目 Cypriniformes 鲤科 Cyprinidae 金线鲃属 *Sinocyclocheilus*。

鉴别特征： 体延长，侧扁。头部平扁呈鸭嘴状。头背交界处急剧隆起，形成向前的突起，多数个体突起不分叉，前端略圆钝。无眼。口亚下位。须 2 对，发达。体表裸露无鳞。背鳍末根不分枝鳍条柔软，后缘无锯齿；背鳍分枝鳍条 8 根。胸鳍末端后伸达腹鳍起点。腹鳍起点与背鳍起点相对。生活时体呈淡肉红色，半透明状；身体无斑纹。

种群状况： 种群数量少。

地理分布： 分布于广西百色市田林县浪平镇狮子口洞。盲鱼，典型洞穴鱼类。

珍稀程度： 国家二级重点保护水生野生动物。

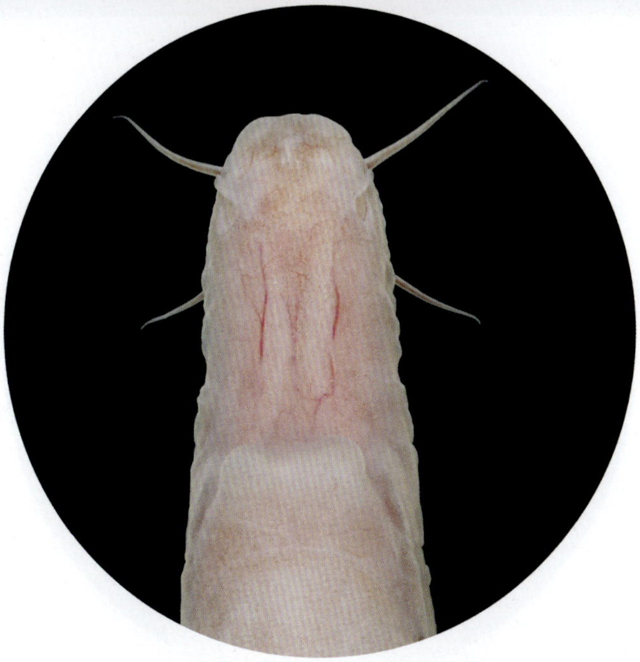

27. 安水金线鲃 *Sinocyclocheilus anshuiensis* Gan, Wu, Wei & Yang, 2013

分类地位： 鲤形目 Cypriniformes 鲤科 Cyprinidae 金线鲃属 *Sinocyclocheilus*。

鉴别特征： 体延长，侧扁。头部平扁，呈鸭嘴状。无眼或仅残存黑色眼点。头背交界处具 1 个伸向上前方的光滑肉瘤。侧线鳞 34 ~ 38 枚。背鳍末根不分枝鳍条基部为硬刺，后缘具锯齿，上半部柔软分节；背鳍分枝鳍条 7 根。胸鳍不达或略超过腹鳍起点。腹鳍起点位于背鳍起点之前。尾柄上、下缘具发达肉质鳍褶。生活时通体淡粉红色，半透明状；身体无斑纹。

种群状况： 种群数量稀少。

地理分布： 分布于广西百色市凌云县逻楼镇安水村地下洞穴。盲鱼，典型洞穴鱼类。

珍稀程度： 国家二级重点保护水生野生动物。

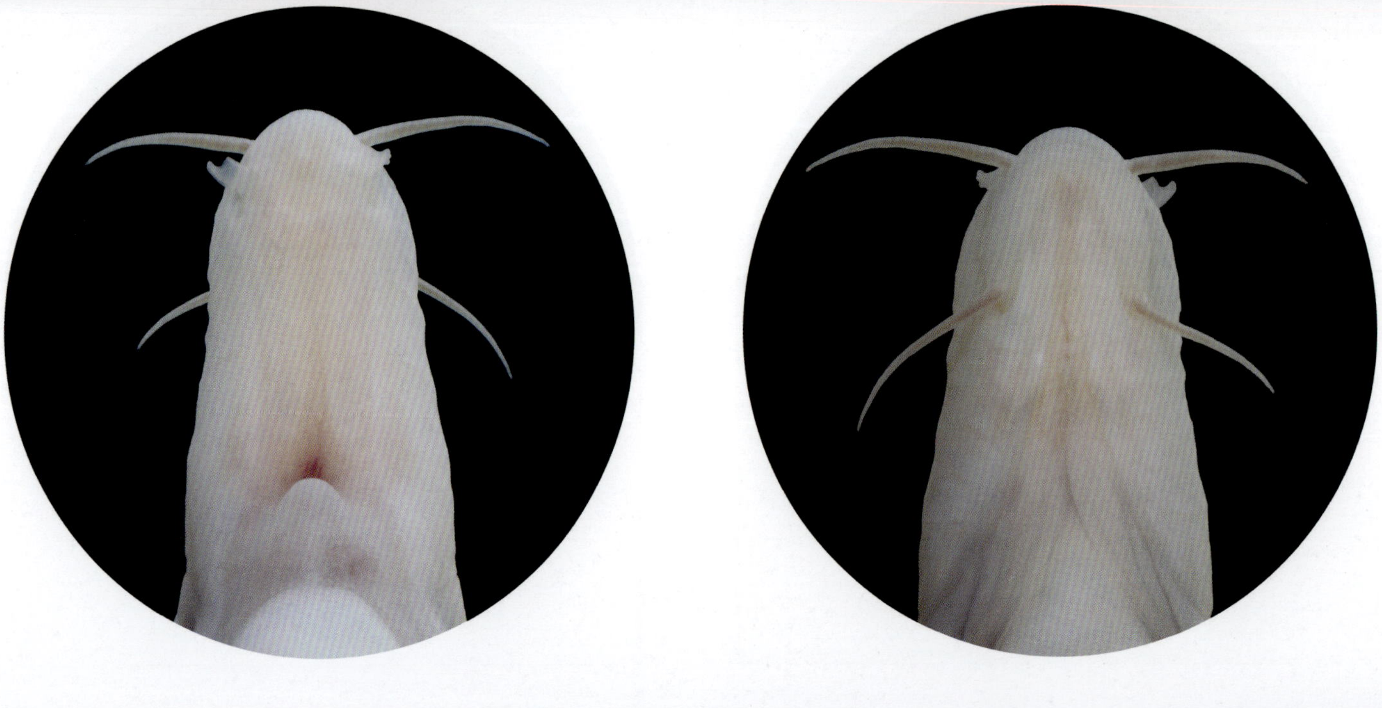

28. 斑点金线鲃 *Sinocyclocheilus punctatus* Lan & Yang, 2017

分类地位： 鲤形目 Cypriniformes 鲤科 Cyprinidae 金线鲃属 *Sinocyclocheilus*。

鉴别特征： 体延长、侧扁。头背交界处隆起。背鳍末根不分枝鳍条变粗，下部强硬，后缘具强锯齿；背鳍起点明显后于腹鳍起点，分枝鳍条 8 根；胸鳍后伸超过腹鳍起点；须短小，吻须后伸不达眼前缘；侧线鳞明显比侧线上、下鳞大；侧线鳞 45 ~ 50 枚；第一鳃弓外侧鳃耙 7 ~ 8 枚。

种群状况： 种群数量稀少。

地理分布： 分布于广西河池市南丹县和环江县境内喀斯特地区的洞穴，属珠江流域的红水河、柳江水系。典型洞穴鱼类。

珍稀程度： 国家二级重点保护水生野生动物。

29. 鸭嘴金线鲃 *Sinocyclocheilus anatirostris* Lin & Luo, 1986

分类地位： 鲤形目 Cypriniformes 鲤科 Cyprinidae 金线鲃属 *Sinocyclocheilus*。

鉴别特征： 体延长，侧扁。吻平扁呈鸭嘴状。头背交界处急剧隆起，形成一对小圆突。无眼或仅残存黑色眼点。口亚下位。须 2 对。体裸露无鳞。侧线发达，直延伸至尾鳍基中央。背鳍末根不分枝鳍条较粗硬，后缘具锯齿，末端柔软分节。胸鳍后伸达腹鳍起点。生活时体乳白色，略带淡红色；身体无斑纹，各鳍透明。

种群状况： 种群数量极少。

地理分布： 分布于广西百色市乐业县境内的地下河。盲鱼，典型洞穴鱼类。

珍稀程度： 国家二级重点保护水生野生动物。

30. 叉背金线鲃 *Sinocyclocheilus furcodorsalis* Chen, Yang & Lan, 1997

分类地位： 鲤形目 Cypriniformes 鲤科 Cyprinidae 金线鲃属 *Sinocyclocheilus*。

鉴别特征： 体侧扁。头前端突出呈鸭嘴状。头背部交界处隆起，形成向前伸的叉状突起。无眼。口下位。须 2 对，吻须后伸未达前鳃盖骨后缘。鳞片小，侧线完全，侧线鳞 40 ~ 46 枚。背鳍末根不分枝鳍条基部粗硬为硬刺，后缘具锯齿；背鳍分枝鳍条 7 根。胸鳍长，后伸超过腹鳍起点。生活时体呈半透明状，淡红色；身体和鳍条无斑纹。

种群状况： 种群数量多。

地理分布： 分布于广西河池市天峨县境内的地下河。盲鱼，典型洞穴鱼类。

珍稀程度： 国家二级重点保护水生野生动物。

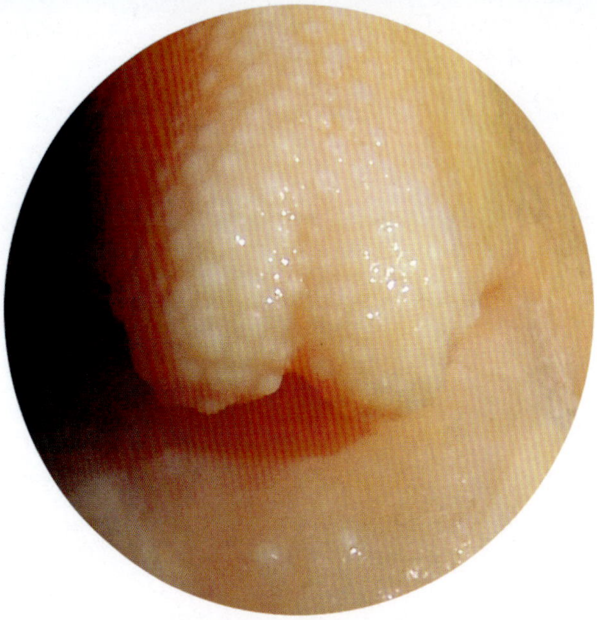

31. 驯乐金线鲃 *Sinocyclocheilus xunlensis* Lan, Zhao & Zhang, 2004

分类地位： 鲤形目 Cypriniformes 鲤科 Cyprinidae 金线鲃属 *Sinocyclocheilus*。

鉴别特征： 体延长，侧扁，较粗壮。头背交界处向后显著隆起。吻向前突出，略呈鸭嘴状。口近端位。无眼。须 2 对，发达；口角须后伸可达前鳃盖骨的后缘。除头部外全身有被鳞；侧线完全，侧线鳞 41 ~ 48 枚。背鳍末根不分枝鳍条为硬刺，后缘具明显的锯齿；背鳍分枝鳍条 7 根。胸鳍长，后伸超过腹鳍起点。生活时全身淡红色，呈半透明状；身体无斑纹。

种群状况： 种群数量少。

地理分布： 分布于广西河池市环江县驯乐乡顺宁村的地下河。盲鱼，典型洞穴鱼类。

珍稀程度： 国家二级重点保护水生野生动物。

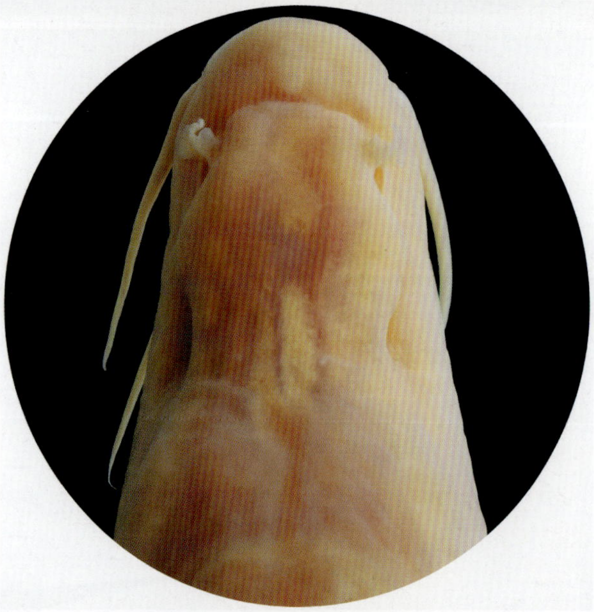

32. 靖西金线鲃 *Sinocyclocheilus jinxiensis* Zheng, Xiu & Yang, 2013

分类地位：鲤形目 Cypriniformes 鲤科 Cyprinidae 金线鲃属 *Sinocyclocheilus*。

鉴别特征：体侧扁。头前端背面平扁。头后背部向后逐渐隆起。眼退化，仅残留一黑色眼点。须 2 对，短小。鳞片大，侧线鳞 39 ~ 41 枚，侧线上鳞 8 ~ 9 枚，侧线下鳞 6 ~ 7 枚。背鳍末根不分枝鳍条基部为粗壮的硬刺，后缘具锯齿；背鳍分枝鳍条 8 ~ 9 根。胸鳍长，后伸超过腹鳍起点。生活时体呈淡红色，鳞片具新月形灰色斑纹。

种群状况：种群数量极稀少。

地理分布：分布于广西百色靖西市新靖镇大龙潭、小龙潭的地下河。盲鱼，典型洞穴鱼类。

珍稀程度：国家二级重点保护水生野生动物。

33. 逻楼金线鲃 *Sinocyclocheilus luolouensis* Lan, 2013

分类地位： 鲤形目 Cypriniformes 鲤科 Cyprinidae 金线鲃属 *Sinocyclocheilus*。

鉴别特征： 体延长，侧扁。眼退化，仅残留一与后鼻孔大小相当的黑点。口亚下位。须 2 对，发达。除头部外通体被鳞，侧线鳞 43 ~ 49 枚，侧线上鳞 9 ~ 12 枚，侧线下鳞 8 ~ 9 枚。背鳍末根不分枝鳍条顶部柔软分节，下部 2/3 长度略硬，后缘具锯齿；背鳍分枝鳍条 7 根。胸鳍长，后伸超过腹鳍起点。体灰色；体侧沿侧线上缘至尾鳍基具 1 列黑色斑点。

种群状况： 种群数量稀少。

地理分布： 分布于广西百色市凌云县逻楼镇安水村一洞穴。典型洞穴鱼类。

珍稀程度： 国家二级重点保护水生野生动物。

34. 单纹似鳡 *Luciocyprinus langsoni* Vaillant, 1904

分类地位：鲤形目 Cypriniformes 鲤科 Cyprinidae 似鳡属 *Luciocyprinus*。

鉴别特征：体细长，侧扁。口端位。下颌中央接合处内侧有一突起，与上颌的凹陷镶嵌；唇后沟前伸到颏部中断。无须。眼中等大。鳞小，侧线完全，侧线鳞 92 ~ 104 枚。腹鳍基外侧具狭长的腋鳞。背鳍末根不分枝鳍条较长，末端柔软，后缘光滑；背鳍外缘凹入。胸鳍后伸远不达腹鳍，腹鳍不达臀鳍。臀鳍末根不分枝鳍条和第 1 根分枝鳍条延长。尾鳍深叉形。生活时背部青灰色，腹部银白色，鳃孔至尾鳍基沿侧线有一粗黑色纵条纹，近尾部色更深。

种群状况：种群数量极稀少。

地理分布：红水河、柳江、桂江、右江、左江均有少量分布。生活于水面宽阔的水体上层，以小鱼为食的肉食性鱼类。

珍稀程度：国家二级重点保护水生野生动物。

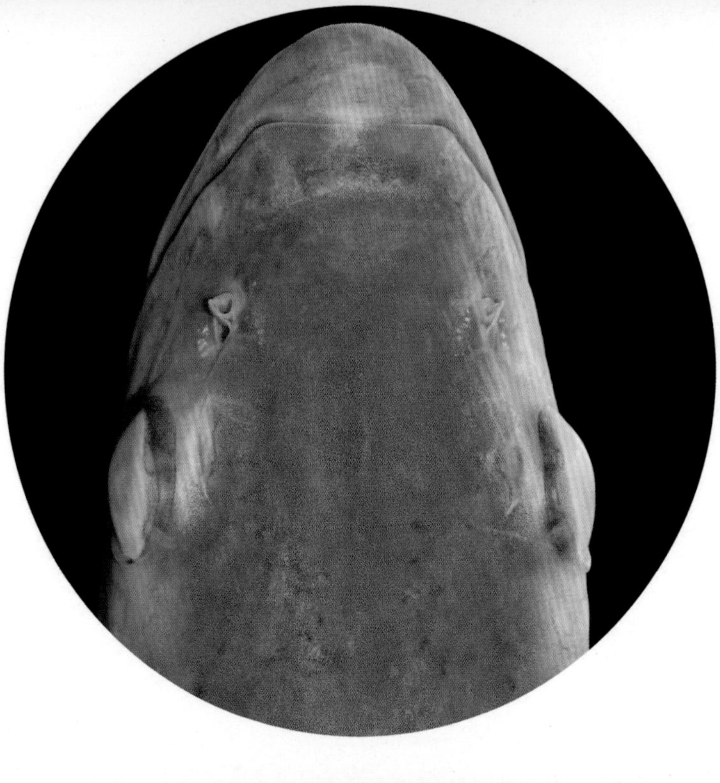

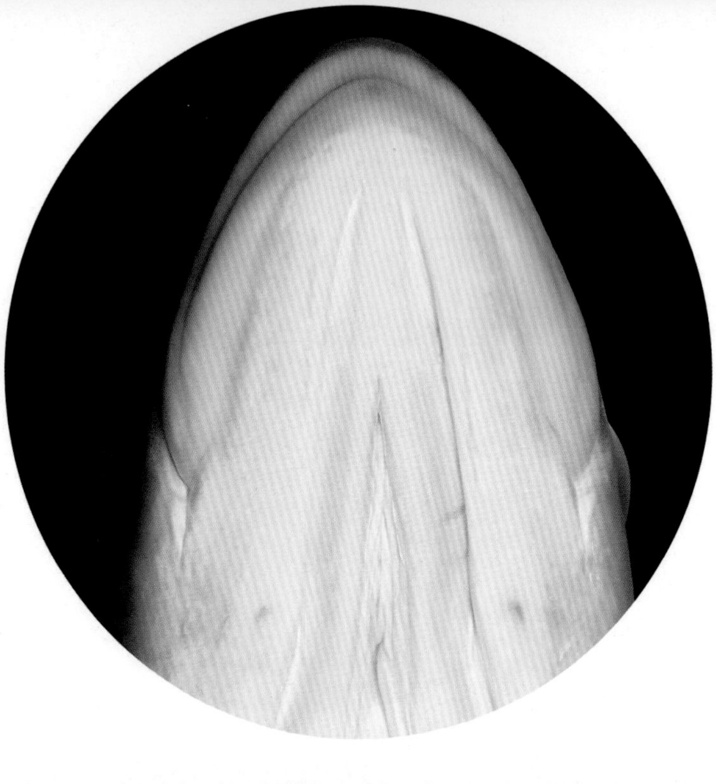

35. 花鲈鲤 *Percocypris pingi regain* (Tchang, 1930)

分类地位： 鲤形目 Cypriniformes 鲤科 Cyprinidae 鲈鲤属 *Percocypris*。

鉴别特征： 体长，近圆锥形，背部稍隆起。头近圆锥形。口端位。须 2 对，发达。眼大，侧上位。背鳍ⅳ–8；臀鳍ⅲ–5；鳞中等大，侧线鳞 53 ~ 58 枚。背鳍外缘微凹，末根不分枝鳍条为硬刺，后缘具锯齿。腹鳍末端后伸不达肛门。尾鳍深分叉。头及体背侧具黑色斑点，腹部银白色，各鳍呈橘色。

种群状况： 种群数量少。

地理分布： 分布于红水河上游的南盘江等支流。底层鱼类，杂食性，以底栖动物为主要饵料。

珍稀程度： 国家二级重点保护水生野生动物。

36. 乌原鲤 *Procypris merus* Lin, 1933

分类地位： 鲤形目 Cypriniformes 鲤科 Cyprinidae 原鲤属 *Procypris*。

鉴别特征： 体长，侧扁，略显菱形，背部隆起。头近圆锥形，鼻孔处稍凹，吻钝。口亚下位。唇发达。须 2 对，发达。眼大，侧上位。鳞中等大，侧线鳞 42 ~ 45 枚。背鳍外缘深凹，末根不分枝鳍条为硬刺，后缘具锯齿。腹鳍末端伸达肛门。尾鳍深分叉。头及体背侧暗黑色，腹部银白色，体侧每个鳞片基部具 1 小黑色斑，形成数条纵形条纹；各鳍深黑色。

种群状况： 种群数量少。

地理分布： 分布于红水河、桂江、柳江、左江、右江等支流。底层鱼类，杂食性，以底栖动物为主要饵料。

珍稀程度： 国家二级重点保护水生野生动物。

37. 厚唇瑶山鳅 *Yaoshania pachychilus* (Chen, 1980)

分类地位： 鲤形目 Cypriniformes 爬鳅科 Balitoridae 瑶山鳅属 *Yaoshania*。

鉴别特征： 体细长，背缘较平直，腹面平坦。口下位。唇肥厚，上唇无明显乳突，下唇中部有 4 个分叶乳突，下唇在侧后部增大，并于近口角处形成发达的唇片，上、下唇在口角处相连。下颌外露。吻皮分为不甚显著的 3 叶，中叶稍大。吻皮叶间具吻须 2 对。口角须 1 对。鳃裂较窄。体被小鳞。侧线完全。背鳍起点在腹鳍起点之前。腹鳍左右分开，基部具皮质瓣膜。尾鳍末端微凹。幼鱼体背侧有 4 黑 3 白相间的宽横条纹。成鱼体褐色，吻端两侧及眼眶下缘各有一黑斑，沿侧线有一纵行暗带纹，体侧有不规则黑色斑块。背鳍和尾鳍有由黑色斑点组成的条纹。

种群状况： 种群数量少。

地理分布： 分布于广西来宾市金秀县境内大瑶山山溪。生活在清澈的山涧小溪中，常匍匐于水底岩石上栖息，以附生于岩石上的固着藻类为食。

珍稀程度： 国家二级重点保护水生野生动物。

1 cm

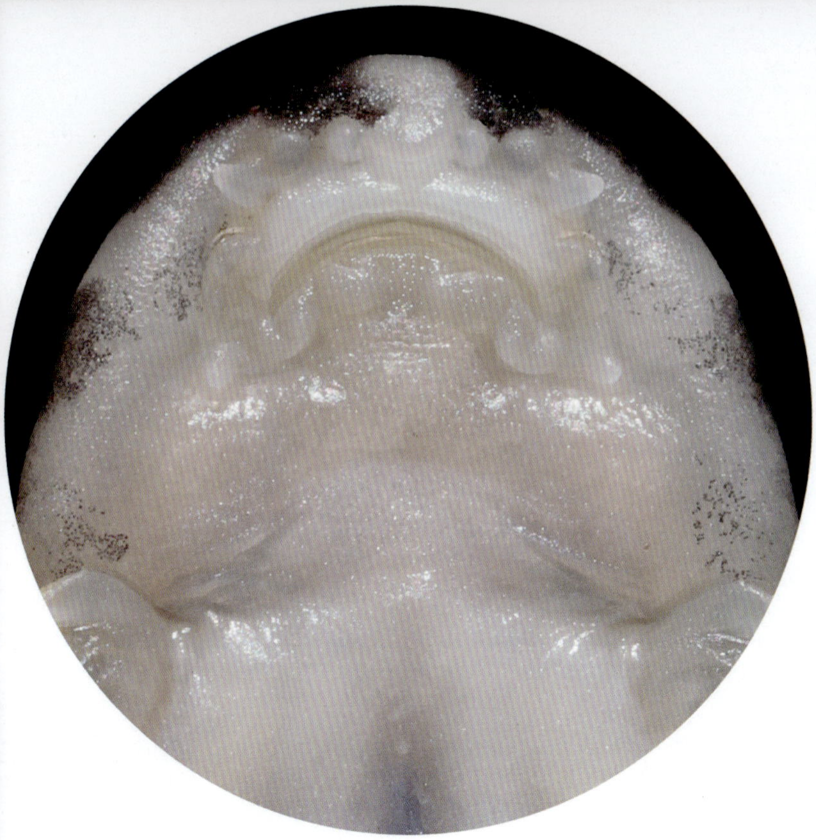

38. 斑鳠 *Mystus guttatus* (Lacépède, 1803)

分类地位：鲇形目 Siluriformes 鲿科 Bagridae 鳠属 *Mystus*。

鉴别特征：体延长，后部侧扁。头宽，略平扁。吻宽而钝。口大，下位。上颌稍突出于下颌。后鼻孔前缘具鼻须，末端达眼后缘；口角须长，后端超过胸鳍后端；颏须 2 对。体光滑无鳞。背鳍短，骨质硬刺前缘光滑，后缘有弱锯齿。脂鳍长，后缘略圆而游离。臀鳍基短，起点位于脂鳍起点之后。胸鳍硬刺前缘有细小锯齿，后缘锯齿粗壮。腹鳍起点位于背鳍基后端垂直下方略后。尾鳍分叉。体灰褐色，腹部色浅，体侧有大小不等零星的圆形黑色斑点。背鳍、脂鳍和尾鳍有黑色小点。

种群状况：种群数量多，个体大，曾经是南方地区的江河珍品。

地理分布：西江流域广泛分布。肉食性底层鱼类，4 ~ 7 月为产卵期。

珍稀程度：国家二级重点保护水生野生动物。

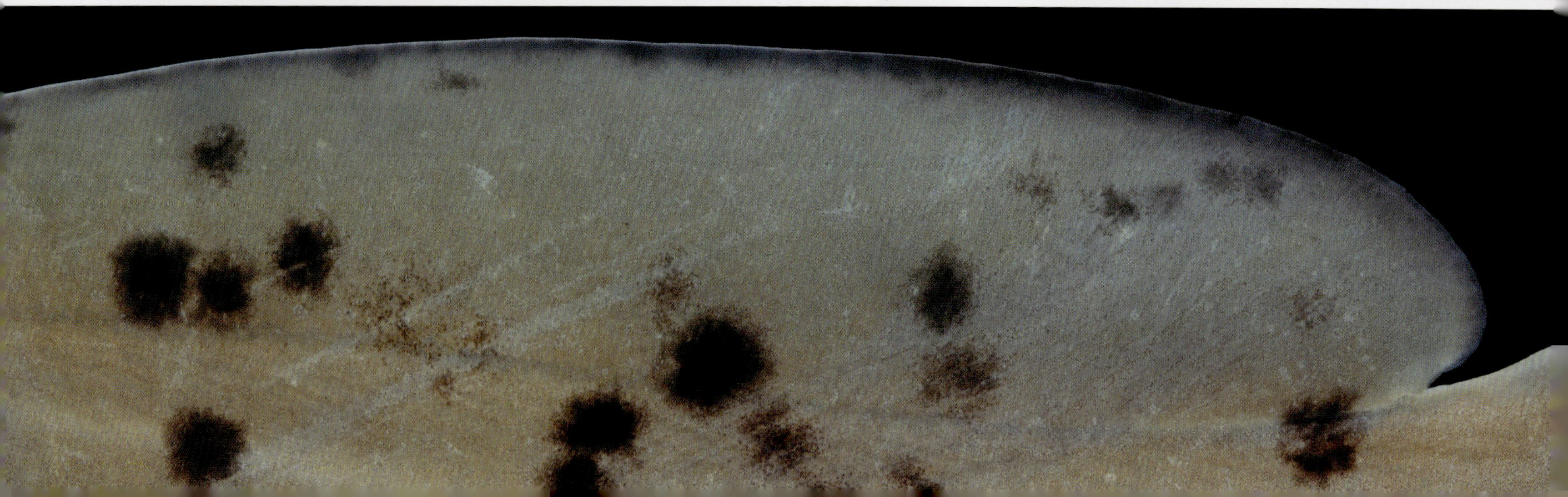

第二篇　省级保护鱼类

1. 颊鳞异条鳅 *Paranemachilus genilepis* Zhu, 1983

分类地位： 鲤形目 Cypriniformes 条鳅科 Nemacheilidae 异条鳅属 *Paranemachilus*。

鉴别特征： 体粗壮，侧扁。头部略平扁。前、后鼻孔紧相邻，前鼻孔在一短的管状突起中。口亚下位。须长。身体被细密鳞片，头侧两颊被有小鳞。侧线不完全，终止在胸鳍上方。体身浅褐色，背部具不规则的深褐色小斑。

种群状况： 有一定的种群数量，是分布地常见食用鱼类。

地理分布： 分布于广西崇左市扶绥县昌平乡喀斯特地区的洞穴中。穴居性洞穴鱼类，枯水期在洞穴生活，雨季随水流游出洞外觅食。体小，偶有洪水时节随水流大量涌出洞外。

珍稀程度： 2022 年列入广西重点保护水生野生动物名录。

2. 赤魟 *Dasyatis akajei* (Müller & Henle, 1841)

分类地位： 鲼形目 Myliobatiformes 魟科 Dasyatidae 魟属 *Dasyatis*。

鉴别特征： 体近圆形，吻端尖。眼小。腹鳍后缘平截。尾细长呈鞭状；尾前部有 1 ~ 2 个具锯齿扁平尾刺。喷水孔位于眼后。口、鼻孔和鳃孔位于腹面。口小，横裂，口底有 5 个乳突；齿细小。体背面赤褐色，边缘略淡；腹面乳白色。

种群状况： 目前仅在邕江、左江偶尔见到，种群数量极为稀少。20 世纪 80 年代在柳江支流的龙江有较多数量，随后数量渐渐减少。

地理分布： 历史上该种在广西境内的左江、右江、柳江、龙江均有分布。

珍稀程度： 广西境内河流分布的陆封种群，2022 年列入广西重点保护水生野生动物名录。

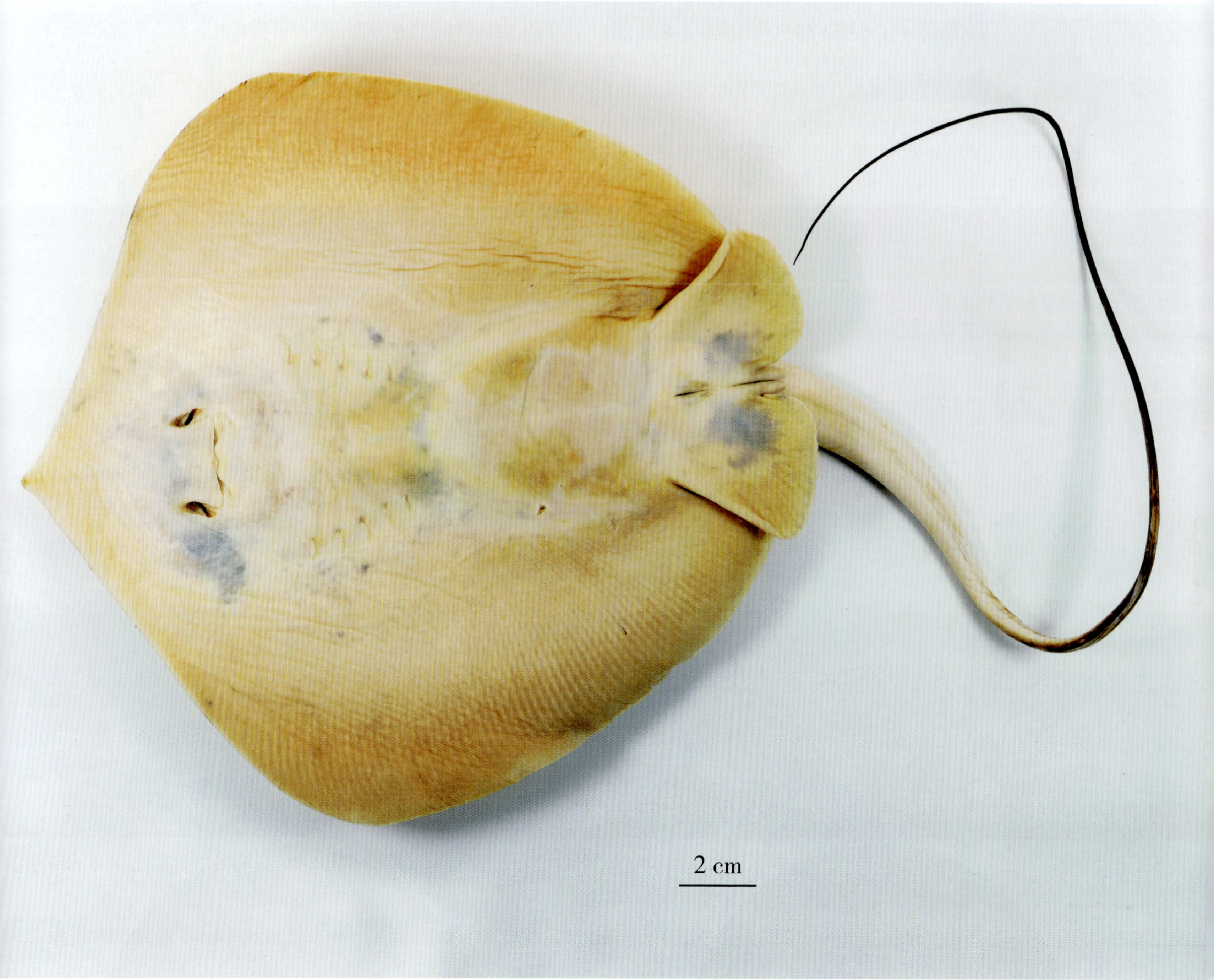
2 cm

3. 平果异条鳅 *Paranemachilus pingguoensis* (Gan, 2013)

分类地位： 鲤形目 Cypriniformes 条鳅科 Nemacheilidae 异条鳅属 *Paranemachilus*。

鉴别特征： 体粗壮，侧扁。头部略平扁。前、后鼻孔紧相邻，前鼻孔在一短的管状突起中。须 3 对，较长。背鳍位于体中部之后。胸鳍短。尾鳍后缘凹入。除头部外，身体被细密的鳞片。侧线不完全，止于胸鳍末端上方。身体黄绿色；头部、体侧和背部具不规则小斑点。体侧中部的斑点颜色变深，形成一条纵纹。

种群状况： 在分布区有一定的种群数量，为当地居民主要的捕捞对象之一。

地理分布： 分布于广西百色平果市果化镇境内的洞穴中。穴居性洞穴鱼类，枯水期在洞穴生活，雨季时生活的洞穴出口常被淹没形成小湖泊，每年有 2～3 个月的时间在洞外生活。

珍稀程度： 2022 年列入广西重点保护水生野生动物名录。

4. 靖西异条鳅 *Paranemachilus jinxiensis* (Zhu, Du & Chen, 2009)

分类地位： 鲤形目 Cypriniformes 条鳅科 Nemacheilidae 异条鳅属 *Paranemachilus*。

鉴别特征： 体纺锤形。前、后鼻孔分开一短距，前鼻孔短管状，末端斜截。眼中等大。口小，亚下位。上、下唇表面具皱褶。须 3 对，较长。背鳍分枝鳍条 8 ~ 9 根。除头部外，全身被鳞。侧线不完全，具侧线孔 15 ~ 20 个。体浅黄色，腹部略白；头背、体背散布虫状纹，体中轴沿侧线具一黑色纵纹，尾鳍基部具一黑色横纹。

种群状况： 种群数量较多，是产地重要的捕捞对象。

地理分布： 分布于广西百色靖西市禄峒镇、那坡县坡荷乡等地的洞穴及出口周边水体。半穴居性小型鱼类，雨季可顺水流到洞外水域觅食。

珍稀程度： 2022 年列入广西重点保护水生野生动物名录。

5. 郑氏异条鳅 *Paranemachilus zhengbaoshani* (Zhu & Cao, 1987)

分类地位：鲤形目 Cypriniformes 条鳅科 Nemacheilidae 异条鳅属 *Paranemachilus*。

鉴别特征：身体粗壮。前、后鼻孔相连，前鼻孔在一短管中。眼正常。须长，能伸达主鳃盖骨后缘。除头部外，身体密布小鳞。侧线不完全，终止在胸鳍上方。生活时身体浅褐色；部分个体背、侧面具白色圆斑；腹部浅黄色，无斑纹。

种群状况：种群数量少。

地理分布：分布于广西河池市都安县地苏镇地下河和大化县六也乡境内地下河。穴居性鱼类，雨季随洪水游出洞外觅食成长。

珍稀程度：2022 年列入广西重点保护水生野生动物名录。

6. 弓背中华喀鳅 *Karstsinnectes acridorsalis* (Lan, 2013)

分类地位： 鲤形目 Cypriniformes 条鳅科 Nemacheilidae 中华喀鳅属 *Karstsinnectes parvus*。

鉴别特征： 体延长，侧扁。左右颊部在口角至主鳃盖骨前缘之间有带状肉质突起。口下位，弧形。下唇表面具浅皱。须 3 对。前、后鼻孔分开一距离，前鼻孔位于一短管状突起中，管状末端平截。无眼。通体无鳞。无侧线。头部侧线管系统不发达。尾鳍叉形，上、下叶略圆钝。生活时通体淡黄色，半透明状；无色斑，各鳍透明。

种群状况： 种群数量极稀少。

地理分布： 仅分布于广西河池市天峨县岜暮乡附近一洞穴。生活于洞穴深处的典型洞穴鱼类。

珍稀程度： 2022 年列入广西重点保护水生野生动物名录。

7. 透明中华喀鳅 *Karstsinnectes hyalinus* (Lan, Yang & Chen, 1996)

分类地位： 鲤形目 Cypriniformes 条鳅科 Nemacheilidae 中华喀鳅属 *Karstsinnectes parvus*。

鉴别特征： 体短。尾柄上、下缘具鳍褶。前、后鼻孔相连，前鼻孔在一短管中，短管后缘延长呈短须状。无眼。唇面具浅褶，下唇中央具一缺刻。须 3 对，均较短。身体部分被稀疏的鳞片。侧线不完全。生活时身体透明，内脏可辨。浸制标本乳白色，通体无色素。

种群状况： 种群数量极少。

地理分布： 仅分布于广西河池市都安县保安乡的地下水域。终生生活于洞穴深处的典型洞穴鱼类。

珍稀程度： 2022 年列入广西重点保护水生野生动物名录。

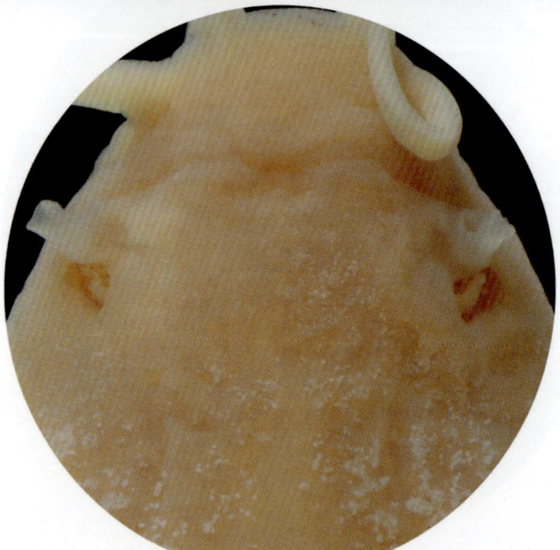

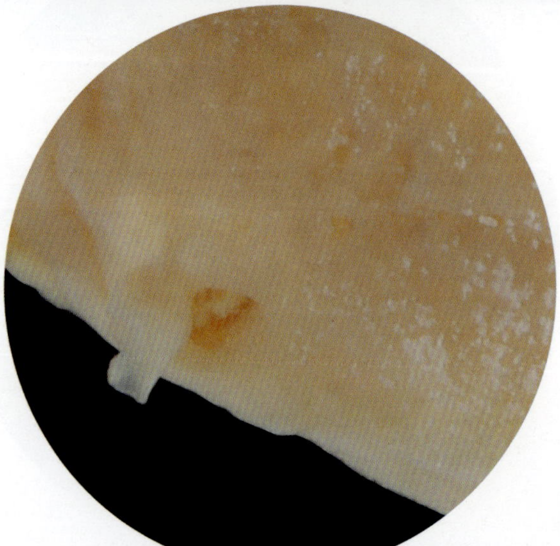

8. 小中华喀鳅 *Karstsinnectes parvus* (Zhu & Zhu, 2014)

分类地位： 鲤形目 Cypriniformes 条鳅科 Nemacheilidae 中华喀鳅属 *Karstsinnectes parvus*。

鉴别特征： 体小，头部平扁，背鳍基后部身体侧扁。头较大，头宽明显大于头高。吻圆钝。口小，亚下位。上、下唇薄，表面具浅褶。前、后鼻孔相连，前鼻孔位于一短管中，末端斜截。须 3 对，外侧吻须最长。无眼或仅有一小黑点。背鳍起点位于腹鳍起点之后，外缘平截。胸鳍尖，末端不达腹鳍起点。尾鳍内凹。尾柄上、下缘具鳍褶。通体裸露无鳞。体侧侧线孔明显。生活时全身透明，鳃部和胸腹部血红色。

种群状况： 种群数量极少。

地理分布： 仅分布于广西百色靖西市安德镇一溶洞。典型洞穴鱼类。生活的洞内黑暗无光，水深 30 ~ 40 cm，水质清澈，底质为石砾。

珍稀程度： 2022 年列入广西重点保护水生野生动物名录。

9. 丽纹云南鳅 *Yunnanilus pulcherrimus* Yang, Chen & Lan, 2004

分类地位：鲤形目 Cypriniformes 条鳅科 Nemacheilidae 云南鳅属 *Yunnanilus*。

鉴别特征：体纺锤形，侧扁。前、后鼻孔分开，前鼻孔短管状。口小，亚下位。唇发达，表面具褶；下唇中央具一小缺刻。须 3 对。除头部外，全身被细密鳞片。侧线止于胸鳍末端上方。体黄绿色；身体具黑褐色细横斑 12 ~ 17 条，除腹鳍之前的数条横斑中断于腹中线，其余横斑均环绕身体一周；自吻端沿体侧中轴至尾鳍基有 1 条黑褐色纵纹。

种群状况：种群数量多，个体小而斑纹美丽，可作为观赏鱼养殖。

地理分布：主要分布于广西河池市都安县境内红水河支流的澄江、地苏河。在来宾市和柳州市部分红水河支流也有发现。生活于地下河出口的水潭，河流水草丰富的静水区。

珍稀程度：2022 年列入广西重点保护水生野生动物名录。

10. 后鳍云南鳅 *Yunnanilus retrodorsalis* (Lan, Yang & Chen, 1995)

分类地位： 鲤形目 Cypriniformes 条鳅科 Nemacheilidae 云南鳅属 *Yunnanilus*。

鉴别特征： 体延长。吻略尖。前、后鼻孔分开一短距离，前鼻孔位于一短管中。眼大，侧上位。背鳍分枝鳍条 7 根。除头部外，身体各部均被细密鳞片。侧线不完全，仅在头的后方具 3 ~ 4 个侧线孔。生活时体青灰色，体侧具深灰色小斑块，自鳃盖后缘沿体中轴至尾鳍基有一深灰色纵纹。

种群状况： 有一定的种群数量。

地理分布： 分布于广西河池市南丹县六寨镇、月里镇喀斯特地区的洞穴出口的小水潭及其周边水体。半穴居性小型鱼类，洪水季节可出洞觅食。

珍稀程度： 2022 年列入广西重点保护水生野生动物名录。

11. 长须云南鳅 *Yunnanilus longibarbatus* Gan, Chen & Yang, 2007

分类地位： 鲤形目 Cypriniformes 条鳅科 Nemacheilidae 云南鳅属 *Yunnanilus*。

鉴别特征： 体粗壮，纺锤形。前、后鼻孔分开，前鼻孔短管状。眼大，侧上位。口小，次下位。须 3 对，发达。背鳍分枝鳍条 8 根。除头部外，通体被鳞，鳞片或隐于皮下。无侧线。生活时体浅黄色，体背及体侧散布虫状纹，尾鳍基下半部具一黑色斑块。雄性个体体侧沿中线具一黑色条纹。

种群状况： 有一定的种群数量。

地理分布： 分布于广西河池市都安县高岭镇地下河、地苏镇地下河，南宁市马山县里当乡等地的地下河。半穴居小型鱼类，洪水季节可游出洞外觅食。

珍稀程度： 2022 年列入广西重点保护水生野生动物名录。

雄

雌

12. 白莲云南鳅 *Yunnanilus bailianensis* Yang, 2013

分类地位： 鲤形目 Cypriniformes 条鳅科 Nemacheilidae 云南鳅属 *Yunnanilus*。

鉴别特征： 体短小，纺锤形。吻钝圆。前、后鼻孔分开一短距，前鼻孔短管状，末端斜截。眼明晰。口小，下位。上、下唇表面具皱褶。须 3 对。通体裸露无鳞。无侧线。生活时体淡黄色，沿体中轴有 1 条由黑色斑点组成的纵纹，头背面和体侧纵纹上部具黑色点状斑。

种群状况： 种群数量少。模式产地由于水质的变坏，其种群数量受到影响。

地理分布： 分布于广西柳州市区的白莲洞地下河水体。小型洞穴鱼类，终生生活于地下河中。

珍稀程度： 2022 年列入广西重点保护水生野生动物名录。

13. 叉尾洞鳅 *Troglonectes furcocaudalis* (Zhu & Cao, 1987)

分类地位： 鲤形目 Cypriniformes 条鳅科 Nemacheilidae 洞鳅属 *Troglonectes*。

鉴别特征： 体延长，侧扁。口下位。须 3 对。前、后鼻孔分开一短距，前鼻孔在一短的管状突起中，末端延长成须状。眼小。身体后躯被稀疏的小鳞。侧线不完全，侧线孔终止于胸鳍末端之前。背鳍分枝鳍条 8 根，腹鳍分枝鳍条 7 根。尾柄上、下缘具软鳍褶。尾鳍叉形。生活时体灰色，背部略黄；身体无斑纹。本种个体小。

种群状况： 种群数量少。

地理分布： 分布于广西柳州市融水县、融安县一带的洞穴地下河水体。典型洞穴鱼类。

珍稀程度： 2022 年列入广西重点保护水生野生动物名录。

14. 小眼洞鳅 *Troglonectes microphthalmus* (Du, Chen & Yang, 2008)

分类地位： 鲤形目 Cypriniformes 条鳅科 Nemacheilidae 洞鳅属 *Troglonectes*。

鉴别特征： 体延长。吻长。口下位。唇薄，表面光滑。须 3 对。前、后鼻孔分开一短距，前鼻孔位于一短管中，末端延长成须状。眼退化，仅残留一黑色眼点。腹鳍分枝鳍条 7 根。尾柄上、下缘具发达的软鳍褶。尾鳍叉形。通体裸露无鳞或体表被有退化程度不一的鳞片。侧线孔不完全，终止于胸鳍末端之前。生活时体透明，鳃部呈鲜红色。无色素。

种群状况： 种群数量极少。

地理分布： 已知仅分布于广西河池市罗城县天河镇一洞穴中。生活于洞穴深处的典型洞穴鱼类。

珍稀程度： 2022 年列入广西重点保护水生野生动物名录。

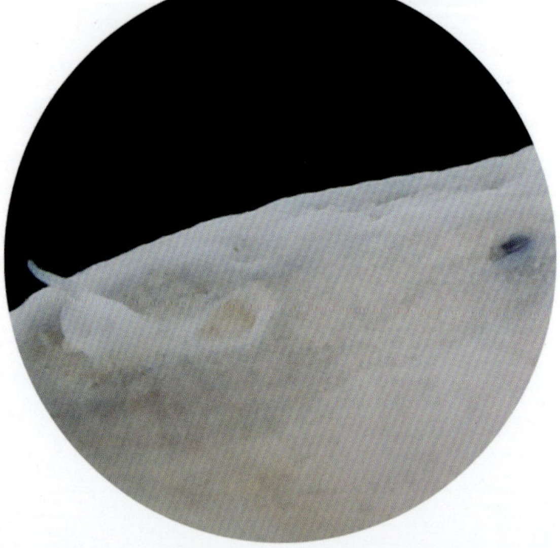

15. 大鳞洞鳅 *Troglonectes macrolepis* (Huang, Du, Chen & Yang, 2009)

分类地位：鲤形目 Cypriniformes 条鳅科 Nemacheilidae 洞鳅属 *Troglonectes*。

鉴别特征：体延长，头平扁。口下位。唇表面光滑。须 3 对。前、后鼻孔分开一短距，前鼻孔位于管状突起中，末端延长成须状。眼退化，仅残留一黑色眼点。尾柄具发达的软鳍褶。尾鳍叉形。除头、胸腹部外，身体其他部位被有细密的鳞片，沿侧线的鳞片较大。侧线不完全，具 5 ~ 12 个侧线孔。生活时体灰白色，半透明；头和身体的背部散布黑色点状斑。

种群状况：种群数量少。

地理分布：仅分布于广西河池市环江县大才乡一洞穴。生活于洞穴深处的典型洞穴鱼类。

珍稀程度：2022 年列入广西重点保护水生野生动物名录。

16. 都安洞鳅 *Troglonectes duanensis* (Lan, 2013)

分类地位： 鲤形目 Cypriniformes 条鳅科 Nemacheilidae 洞鳅属 *Troglonectes*。

鉴别特征： 体延长，前躯呈圆筒形。口下位。下唇表面具浅皱。须 3 对。前、后鼻孔几乎相连，前鼻孔位于管状突起中，管状突起末端延长呈须状。眼退化，仅残留一黑色眼点。头部和胸腹部裸露，体侧鳞片隐于皮下。无侧线。背鳍分枝鳍条 9 ~ 10 根。尾柄上、下缘具明显软鳍褶。尾鳍叉形。生活时通体淡黄色，半透明状；无色斑，各鳍透明。

种群状况： 种群数量极少。

地理分布： 分布于广西河池市都安县澄江镇一洞穴。生活于洞穴深处的典型洞穴鱼类。

珍稀程度： 2022 年列入广西重点保护水生野生动物名录。

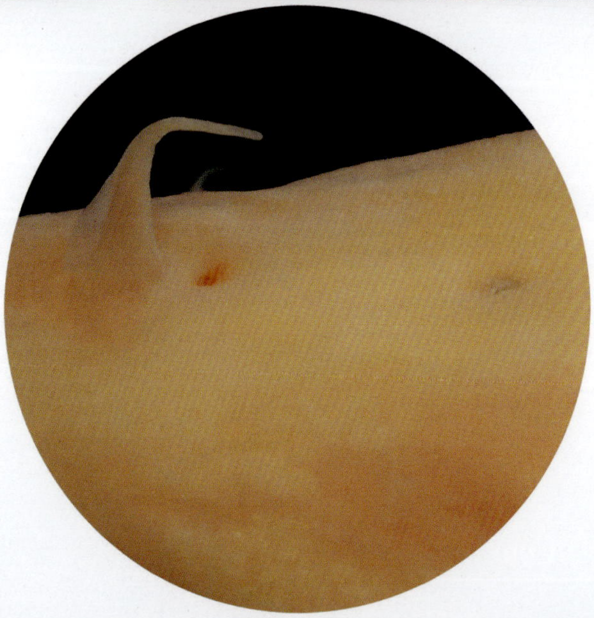

17. 弱须洞鳅 *Troglonectes barbatus* (Gan, 2013)

分类地位： 鲤形目 Cypriniformes 条鳅科 Nemacheilidae 洞鳅属 *Troglonectes*。

鉴别特征： 体延长，侧扁。口下位，口裂呈马蹄形。下唇前缘表面具细小乳突。须 3 对，较纤细。前、后鼻孔不相连，分开一短距；前鼻孔位于一短管状突起中，短管向后斜截，末端残留一短须。无眼。通体无鳞。无侧线。尾柄上、下缘具明显的软鳍褶。尾鳍深分叉。生活时通体粉红色，半透明状；身体无色斑，各鳍透明。

种群状况： 种群数量极少。

地理分布： 分布于广西河池市南丹县里湖镇境内的洞穴。生活于洞穴深处的典型洞穴鱼类。

珍稀程度： 2022 年列入广西重点保护水生野生动物名录。

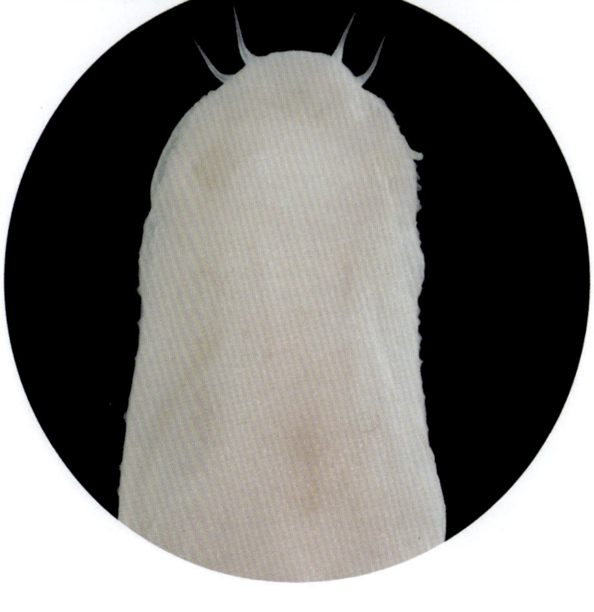

18. 河池洞鳅 *Troglonectes hechiensis* Zhao, Liu, Du & Luo, 2021

分类地位： 鲤形目 Cypriniformes 条鳅科 Nemacheilidae 洞鳅属 *Troglonectes*。

鉴别特征： 体细长，侧扁。口下位。下唇表面具浅皱，中央具一浅沟。须 3 对，约等长或外侧口角须略长。前、后鼻孔分开一短距，其间距约与前鼻孔的半径相当；前鼻孔位于管状突起中，管状突起末端向后斜截收缩。眼中等大小。除头、胸和腹部外，通体被鳞。侧线不完全。背鳍起点与腹鳍起点相对，分枝鳍条 8 根。尾鳍凹入。背部和侧面棕黄色，腹部微黄。体侧有 3 条由斑点组成的纵向条纹，中间纵纹由近 20 个圆形斑点组成，从鳃盖骨后缘到尾鳍基部。

种群状况： 种群数量少。

地理分布： 分布于广西河池市金城江区六圩镇同进村洞穴出口一小水潭。喜生活于洞穴出口处的水潭中。

珍稀程度： 2022 年列入广西重点保护水生野生动物名录。

19. 东兰洞鳅 *Troglonectes donglanensis* (Wu, 2013)

分类地位： 鲤形目 Cypriniformes 条鳅科 Nemacheilidae 洞鳅属 *Troglonectes*。

鉴别特征： 体延长，前躯呈圆筒形。尾柄高，侧扁。口下位。下唇分左右两叶，表面具浅皱，中央具一浅沟。须 3 对。前、后鼻孔分开一短距，前鼻孔位于管状突起中，管状突起末端延长呈须状。眼退化，仅残留一黑色眼点。身体裸露无鳞。侧线不完全，终止于胸鳍基部后端上方。背鳍分枝鳍条 9 根。尾鳍叉形。生活时体浅褐色，鳃部略红色；头背面、身体侧面和背部具灰色素点；各鳍透明，无色素。

种群状况： 种群数量少。

地理分布： 分布于广西河池市东兰县泗孟乡、三石镇，都安县高岭镇、下坳镇、保安乡的喀斯特地区的洞穴。生活于洞穴深处的典型洞穴鱼类。

珍稀程度： 2022 年列入广西重点保护水生野生动物名录。

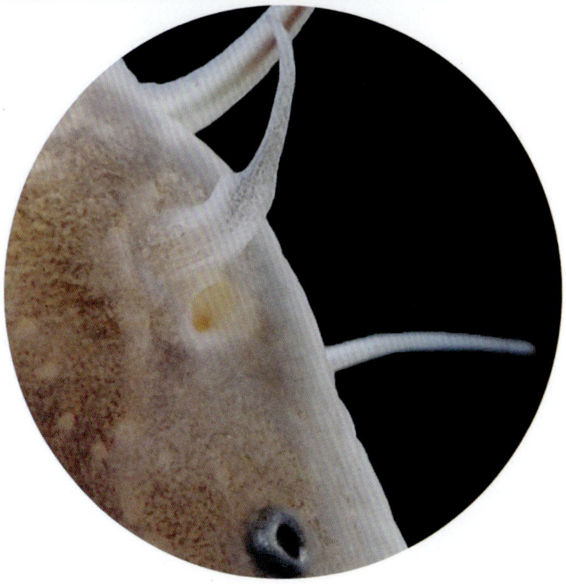

20. 水龙洞鳅 *Troglonectes shuilongensis* Deng, Xiao, Hou & Zhou, 2016

分类地位：鲤形目 Cypriniformes 条鳅科 Nemacheilidae 洞鳅属 *Troglonectes*。

鉴别特征：体细长，前躯近圆筒形，后躯侧扁。头平扁。口下位。下唇表面具浅褶皱。须 3 对。前、后鼻孔分开一短距，前鼻孔位于管状突起中，管状突起末端延长成须状，鼻须长大于基部短管。眼明晰。通体无鳞。腹鳍起点明显位于背鳍起点之前。臀鳍分枝鳍条 6 根。尾鳍略内凹。生活时体浅棕色；头背面、体侧及背部具深褐色色素斑点，体背部更为密集；各鳍透明。

种群状况：种群数量极少且个体很小。

地理分布：分布于贵州三都县中和镇水龙村附近一洞穴。生活于洞穴深处的典型洞穴鱼类。

珍稀程度：2022 年列入广西重点保护水生野生动物名录。

21. 大明山岭鳅 *Oreonectes damingshanensis* Yu, Luo, Lan, Zhou, Deng, Xiao, Zhou, 2023

分类地位： 鲤形目 Cypriniformes 条鳅科 Nemacheilidae 岭鳅属 *Oreonectes*。

鉴别特征： 体延长。头部平扁。前、后鼻孔分开一短距，前鼻孔在一短的管状突起中，管状突起的顶端延长如须。眼小。唇面光滑或有浅皱。须 3 对。除头部外，整个身体被小鳞。侧线不完全，终止于胸鳍上方。尾鳍后缘外凸，呈圆弧形。生活时体浅棕色，背、侧部褐色；尾鳍基有一深褐色横条纹。背鳍、尾鳍有小斑点。

种群状况： 有一定的种群数量，以小个体居多。

地理分布： 广西各地均有分布。喜居流水的浅滩、小河沟、山溪中。

珍稀程度： 2022 年列入广西重点保护水生野生动物名录。

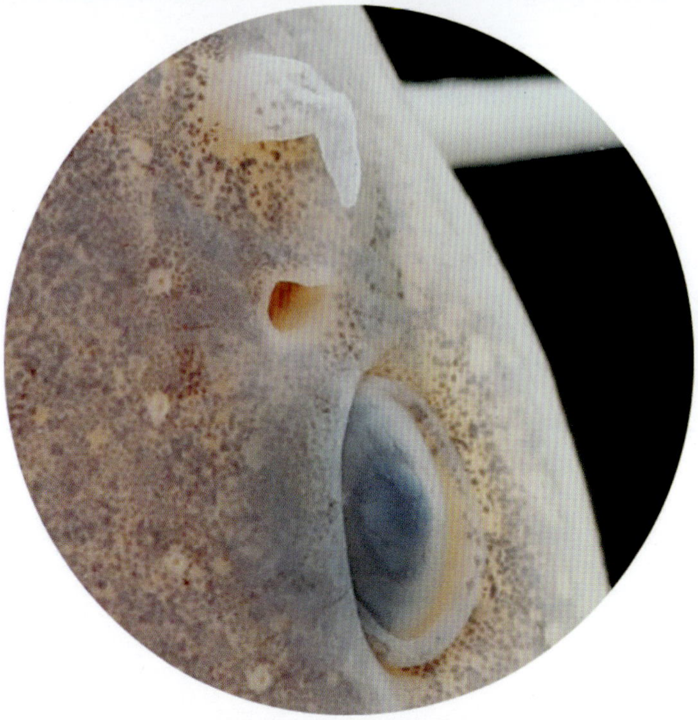

22. 罗城岭鳅 *Oreonectes luochengensis* Yang, Wu, Wei & Yang, 2011

分类地位： 鲤形目 Cypriniformes 条鳅科 Nemacheilidae 岭鳅属 *Oreonectes*。

鉴别特征： 体延长，头平扁。吻圆钝。口下位。下唇表面具浅皱。须 3 对。前、后鼻孔分开一短距，前鼻孔位于管状突起中，管状突起末端延长成须状。眼明晰。头部和胸腹部无鳞，体侧鳞片不明显，隐于皮下。侧线不完全，具 6 ~ 13 个侧线孔。尾柄上、下缘具不明显的软鳍褶。尾鳍平截。生活时全身乳白色，呈半透明状，身体无色斑。偶有小个体体色略深，具色素。

种群状况： 种群数量少，以小个体居多。

地理分布： 仅分布于广西河池市罗城县天河镇附近山上的小山洞。洞穴鱼类，常常游到洞外觅食。

珍稀程度： 2022 年列入广西重点保护水生野生动物名录。

23. 多斑岭鳅 *Oreonectes polystigmus* Du, Chen & Yang, 2008

分类地位： 鲤形目 Cypriniformes 条鳅科 Nemacheilidae 岭鳅属 *Oreonectes*。

鉴别特征： 体延长，头平扁。前躯近圆筒形，后躯侧扁。口下位。唇薄，表面光滑。下颌匙状。须 3 对。前、后鼻孔分开一短距，前鼻孔位于管状突起中，末端延长成须状。眼正常。尾柄上、下缘无软鳍褶。尾鳍圆弧形。除头部外，身体其他部位被有细密的鳞片。侧线不完全，具 6 ~ 8 个侧线孔。生活时体褐色，体侧散布不规则的黑色斑点，体侧沿中轴具一深黑色条纹。

种群状况： 有一定的种群数量。

地理分布： 分布于广西桂林市雁山区大埠乡等地溶洞，以及贺州市富川县境内福利、新华等乡镇的洞穴。非典型洞穴鱼类，洪水期常游到洞外觅食。

珍稀程度： 2022 年列入广西重点保护水生野生动物名录。

24. 关安岭鳅 *Oreonectes guananensis* Yang, Wei, Lan & Yang, 2011

分类地位： 鲤形目 Cypriniformes 条鳅科 Nemacheilidae 岭鳅属 *Oreonectes*。

鉴别特征： 体延长，前躯呈圆筒形。头平扁。口下位。下唇表面具浅褶皱。须 3 对。前、后鼻孔分开一短距，前鼻孔位于管状突起中，管状突起末端延长成须状。眼明晰。头部无鳞，身体其他部位被有细密的鳞片，胸腹鳞片隐于皮下。侧线不完全，具 7 ~ 13 个侧线孔。尾鳍略平截。尾柄上、下缘软鳍褶不明显。生活时身体浅棕色，后躯略红，背、侧部具不规则深褐色浊状斑，体侧沿侧线具一深褐色条纹，各鳍无斑纹。

种群状况： 种群数量少。

地理分布： 分布于广西河池市环江县长美乡关安村、川山镇木论国家级自然保护区的地下溶洞。非典型洞穴鱼类，洪水时常游出洞口觅食。

珍稀程度： 2022 年列入广西重点保护水生野生动物名录。

25. 黄体高原鳅 *Triplophysa flavicorpus* Yang, Chen & Lan, 2004

分类地位： 鲤形目 Cypriniformes 条鳅科 Nemacheilidae 高原鳅属 *Triplophysa*。

鉴别特征： 体粗壮，头略平扁，身体及尾柄侧扁。吻钝圆。前、后鼻孔紧邻，前鼻孔位于鼻瓣中。眼中等大。口下位。上唇发达，表面具细小乳突；上唇中央被一深沟完全隔断；下唇发达，中央具深“V”形缺刻。须 3 对，约等长。背鳍起点位于腹鳍起点之前，外缘内凹；胸鳍略平展，鳍条末端后伸不及腹鳍起点。尾鳍深分叉。除头部、胸部及腹鳍至臀鳍之间的腹部外，全身被细密鳞片。侧线完全，平直。头部背面密布相互连接的虫状纹；身体黄褐色，体侧具 6～7 条跨背部的黑褐色宽横斑，横斑间距小于横斑宽；尾鳍上、下叶各具 2 条黑色横斑纹。

种群状况： 种群数量少，现偶有发现。

地理分布： 分布于广西河池市都安县境内红水河干流河段。生活于水底层，河床多岩石的江河岸边。

珍稀程度： 2022 年列入广西重点保护水生野生动物名录。

26. 南丹高原鳅 *Triplophysa nandanensis* Lan, Yang & Chen, 1995

分类地位： 鲤形目 Cypriniformes 条鳅科 Nemacheilidae 高原鳅属 *Triplophysa*。

鉴别特征： 体延长。尾柄短，上、下缘无软鳍褶。前、后鼻孔紧靠在一起，前鼻孔位于一鼻瓣中，鼻瓣后缘延长呈短须状。眼较小。口下位。须 3 对。胸鳍短，后伸不达腹鳍起点。尾鳍叉形，上、下叶端尖。体完全裸露无鳞。侧线完全。雄性吻侧具一密布小刺突的隆起区，胸鳍外侧 3 ~ 4 根分枝鳍条变粗。身体浅黄色，体侧和头背面散布细小灰黑色斑纹，各鳍均具零星点状斑。

种群状况： 种群数量少。

地理分布： 仅分布于广西河池市南丹县六寨镇多处溶洞。非典型洞穴鱼类，常出没于洞口周边觅食。

珍稀程度： 2022 年列入广西重点保护水生野生动物名录。

27. 鼻须高原鳅 *Triplophysa nasobarbatul* Wang & Li, 2001

分类地位： 鲤形目 Cypriniformes 条鳅科 Nemacheilidae 高原鳅属 *Triplophysa*。

鉴别特征： 体延长，前躯近圆筒形，后躯侧扁。头宽大于头高。雄性吻部两侧从眼前缘下缘至口角有一条形表面具细小乳突的突起。前、后鼻孔相连，前鼻孔在一鼻瓣中，鼻瓣后缘延长呈须状，其长度大于眼径。口下位，下唇表面具浅褶，中央具一缺刻。下颌边缘外露。须 3 对。口角须长于吻须。侧线平直。背鳍外缘略凹。雄性个体胸鳍外缘鳍条变宽变硬，背面分布角质小乳突。腹鳍起点位于背鳍起点之后。尾鳍分叉。体浅黄色，背部具 6 条深褐色横斑，体侧具众多不规则的褐色斑，背鳍和尾鳍具不规则小斑点，头部具蚀状斑纹。

种群状况： 种群数量少。

地理分布： 仅分布于贵州省荔波县境内洞穴及洞穴出口处。非典型洞穴鱼类，晚间常游出洞口觅食。

珍稀程度： 2022 年列入广西重点保护水生野生动物名录。

28. 凌云高原鳅 *Triplophysa lingyunensis* (Liao, Wang & Luo, 1997)

分类地位： 鲤形目 Cypriniformes 条鳅科 Nemacheilidae 高原鳅属 *Triplophysa*。

鉴别特征： 体延长。头小，头宽小于体宽。前、后鼻孔相邻，前鼻孔在瓣膜中。眼小，仅残留一小黑点，眼窝充满脂肪。眼前缘至吻端两侧膨大，颜色略深。口下位，唇面具浅褶。须 3 对。身体被细鳞，前躯较稀疏，后驱较密集。侧线不完全，终止于背鳍起点之下。背鳍分枝鳍条 7～8 根，腹鳍分枝鳍条 5～6 根，臀鳍分枝鳍条 5 根。生活时皮肤无色素，半透明，隐约可见内脏器官，鳃部红色。

种群状况： 种群数量极稀少，且个体小。

地理分布： 分布于广西百色市凌云县泗城镇官仓村马王屯沙洞地下河，逻楼镇安水村、降村部分洞穴。生活于洞穴深处的典型洞穴鱼类。

珍稀程度： 2022 年列入广西重点保护水生野生动物名录。

29. 长鳍高原鳅 *Triplophysa longipectoralis* Zheng, Du, Chen & Yang, 2009

分类地位： 鲤形目 Cypriniformes 条鳅科 Nemacheilidae 高原鳅属 *Triplophysa*。

鉴别特征： 体延长。身体最高处位于背鳍起点。前、后鼻孔相连，前鼻孔位于一短管中，末端延长呈须状。眼正常，小而明晰。口下位。须 3 对。背鳍分枝鳍条 8 根。胸鳍第 1 根分枝鳍条长，后伸可超过腹鳍起点。腹鳍分枝鳍条 6 根。臀鳍分枝鳍条 5～6 根。尾鳍叉形。除头、胸腹部外，全身具隐于皮下的鳞片。身体褐色，腹部略白，体背部、体侧和头背部具深灰色斑块。

种群状况： 种群数量少。

地理分布： 分布于广西河池市环江县驯乐乡一洞穴。洞穴鱼类，常游到洞口附近觅食。

珍稀程度： 2022 年列入广西重点保护水生野生动物名录。

30. 天峨高原鳅 *Triplophysa tianeensis* Chen, Cui & Yang, 2004

分类地位：鲤形目 Cypriniformes 条鳅科 Nemacheilidae 高原鳅属 *Triplophysa*。

鉴别特征：体细长，圆筒形。吻部延长。前、后鼻孔紧邻，前鼻孔位于一短管中，短管末端延长呈须状。眼退化，仅为一黑点。口下位。唇发达，表面具皱褶并密布小乳突。须 3 对。背鳍分枝鳍条 7 根；胸鳍分枝鳍条 8 ~ 9 根；腹鳍分枝鳍条 5 ~ 6 根；臀鳍分枝鳍条 5 根；尾鳍叉形，分枝鳍条 15 ~ 16 根。全身无鳞。体侧侧线完全，平直。雄性颊部刺突区明显，长条形；胸鳍条基部变硬，背侧具细小珠星。生活时体淡黄色，体背和头背具不规则浅褐色斑块，体侧具细小斑点，各鳍无色。

种群状况：种群数量少，且个体小。

地理分布：分布于广西河池市天峨县八腊乡八号洞。生活于洞穴深处的典型洞穴鱼类。

珍稀程度：2022 年列入广西重点保护水生野生动物名录。

31. 花坪高原鳅 *Triplophysa huapingensis* Zheng, Yang & Chen, 2012

分类地位： 鲤形目 Cypriniformes 条鳅科 Nemacheilidae 高原鳅属 *Triplophysa*。

鉴别特征： 体延长。身体最高点前于背鳍起点。头平扁，头宽大于头高。前、后鼻孔紧邻。眼正常。口下位。唇发达，下唇中央前缘具小缺刻。须 3 对。背鳍分枝鳍条 8 根；腹鳍分枝鳍条 6 根；臀鳍分枝鳍条 5 根；尾鳍叉形，分枝鳍条 16 根。身体密布小鳞。侧线完全，平直。雄性个体眼前缘下方形成三角形小刺突区，延伸至外侧吻须基部。身体浅黄色，头和身体背面、侧面具褐色斑块，背鳍、腹鳍和尾鳍也散布褐色斑纹，尾鳍基具一黑色斑点。

种群状况： 种群数量少。

地理分布： 分布于广西百色市乐业县花坪镇、同乐镇，田林县浪平镇，凌云县玉洪乡八里村的洞穴。洞穴鱼类，洪水时常游出洞外觅食。

珍稀程度： 2022 年列入广西重点保护水生野生动物名录。

32. 大头高原鳅 *Triplophysa macrocephala* Yang, Wu & Yang, 2012

分类地位： 鲤形目 Cypriniformes 条鳅科 Nemacheilidae 高原鳅属 *Triplophysa*。

鉴别特征： 体延长。头平扁，头宽大于头高。吻部略尖。前、后鼻孔紧相邻，前鼻孔位于一膜质鼻瓣中，鼻瓣末端延长呈短须状。眼退化，极小。口下位；上、下唇表面光滑，下唇中央具一缺刻。须 3 对。身体裸露无鳞。侧线完全，平直。生活时体乳白色，头背部和体侧散布不规则的褐色云状斑，各鳍透明。

种群状况： 种群数量极少。

地理分布： 分布于广西河池市南丹县里湖乡、八圩乡洞穴中。典型洞穴鱼类。

珍稀程度： 2022 年列入广西重点保护水生野生动物名录。

33. 长须盲高原鳅 *Triplophysa longibarbata* Chen, Yang, Sket & Aljancic, 1998

分类地位： 鲤形目 Cypriniformes 条鳅科 Nemacheilidae 高原鳅属 *Triplophysa*。

鉴别特征： 身体延长，前躯较宽，后躯侧扁。前、后鼻孔紧相邻，前鼻孔管状，后缘延长呈须状。无眼。口下位；上、下唇表面密布乳突，下唇中央有一大缺刻。须 3 对。身体裸露无鳞。侧线完全，平直。胸鳍平直，第 1 根分枝鳍条特别延长。尾鳍分叉。尾柄上、下缘具发达的软鳍褶。生活时体前躯呈淡红色，后躯乳白色。通体无斑纹，各鳍透明。

种群状况： 种群数量较多。

地理分布： 分布于贵州省荔波县境内少数洞穴。盲鱼，典型洞穴鱼类。

珍稀程度： 2022 年列入广西重点保护水生野生动物名录。

34. 里湖高原鳅 *Triplophysa lihuensis* Wu, Yang & Lan, 2012

分类地位： 鲤形目 Cypriniformes 条鳅科 Nemacheilidae 高原鳅属 *Triplophysa*。

鉴别特征： 体延长，前躯近圆筒形，后躯侧扁。前、后鼻孔相连，前鼻孔位于一短管中，末端延长呈须状。无眼。口下位。唇表面具褶皱。须 3 对。尾柄高小于尾柄长的 1/2。尾柄上、下具发达的鳍褶。尾鳍内凹，上、下叶末端略钝。通体裸露无鳞。生活时体乳白色，各鳍透明；体表无色素。

种群状况： 种群数量较多。

地理分布： 分布于广西河池市南丹县八圩乡、里湖乡多处洞穴。盲鱼，典型洞穴鱼类。

珍稀程度： 2022 年列入广西重点保护水生野生动物名录。

35. 浪平高原鳅 *Triplophysa langpingensis* Yang, 2013

分类地位：鲤形目 Cypriniformes 条鳅科 Nemacheilidae 高原鳅属 *Triplophysa*。

鉴别特征：体延长，前躯近圆筒形，后躯侧扁。头平扁。前、后鼻孔相连，后鼻孔略大于前鼻孔；前鼻孔位于短管中，末端延长呈短须状。眼退化，仅残留一黑色眼点。口下位，口裂弧形。上、下唇表面具褶皱。上唇盖住上颌。须 3 对。背鳍分枝鳍条 7～8 根；臀鳍分枝鳍条 5～6 根；尾鳍内凹，分枝鳍条 14 根。尾柄长，上、下缘鳍褶不发达。通体裸露无鳞。生活时体浅粉红色，体表无色素；各鳍透明。

种群状况：种群数量极少。

地理分布：目前已知仅分布于广西百色市田林县浪平镇狮子口洞。典型洞穴鱼类。

珍稀程度：2022 年列入广西重点保护水生野生动物名录。

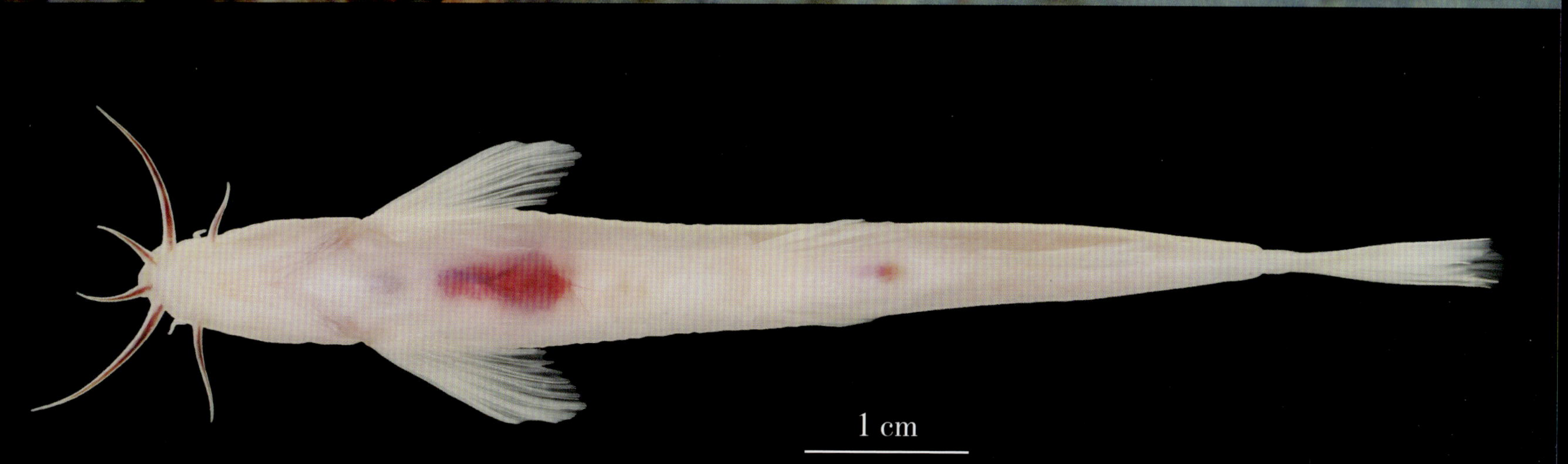

36. 田林高原鳅 *Triplophysa tianlinensis* Li, Li, Lan & Du, 2016

分类地位：鲤形目 Cypriniformes 条鳅科 Nemacheilidae 高原鳅属 *Triplophysa*。

鉴别特征：体延长，头平扁，前躯近圆筒形，后躯侧扁。口下位，口裂弧形。上、下唇表面具褶皱。前、后鼻孔相连，前鼻孔位于短管中，末端延长呈短须状，延长的短须略短于基部短管。眼退化，仅残留一黑色眼点。须 3 对，口角须最长。背鳍起点位于腹鳍起点之前，分枝鳍条 7 ~ 8 根，外缘平截；臀鳍分枝鳍条 5 ~ 6 根；尾鳍内凹，分枝鳍条 14 根。尾柄长，上、下缘鳍褶不发达。通体裸露无鳞。生活时体浅粉红色，体表无色素；各鳍透明。

种群状况：种群数量极稀少。

地理分布：目前已知仅分布于广西百色市田林县浪平镇狮子口洞。典型洞穴鱼类。

珍稀程度：2022 年列入广西重点保护水生野生动物名录。

37. 凤山高原鳅 *Triplophysa fengshanensis* Lan, 2013

分类地位： 鲤形目 Cypriniformes 条鳅科 Nemacheilidae 高原鳅属 *Triplophysa*。

鉴别特征： 体延长，侧扁。前、后鼻孔相连，前鼻孔位于向前斜截的短管中，末端延长呈短须状。无眼。口下位。上、下唇表面具褶皱。须 3 对。尾柄上、下缘无明显鳍褶。背鳍分枝鳍条 8 根，臀鳍分枝鳍条 6 根，尾鳍分枝鳍条 16 根。通体裸露无鳞。体侧具侧线孔，沿鳃孔上缘向后延伸至尾鳍基。浸制标本体淡黄色，身体无色素。

种群状况： 种群数量极少。

地理分布： 仅分布于广西河池市凤山县林峒乡一洞穴。盲鱼，典型洞穴鱼类。

珍稀程度： 2022 年列入广西重点保护水生野生动物名录。

38. 环江高原鳅 *Triplophysa huanjiangensis* Yang, Wu & Lan, 2011

分类地位： 鲤形目 Cypriniformes 条鳅科 Nemacheilidae 高原鳅属 *Triplophysa*。

鉴别特征： 体延长，前躯近圆筒形，后躯侧扁。头细长、略平扁；吻部略尖，头呈鸭嘴形。前、后鼻孔相连，前鼻孔位于一短管中，末端延长呈须状。无眼，但眼眶部略凹陷。口下位。上、下唇表面具褶皱。须 3 对，外侧吻须超过主鳃盖骨前缘。背鳍分枝鳍条 8 ~ 9 根，腹鳍分枝鳍条 6 ~ 7 根，臀鳍分枝鳍条 6 ~ 7 根。尾柄上、下缘具发达的鳍褶。尾鳍内凹。身体裸露无鳞。无侧线。生活时体粉红色，各鳍透明；头背面和身体背部具浅灰色色素点。

种群状况： 种群数量少。

地理分布： 仅分布于广西河池市环江县木论国家级自然保护区及其周边洞穴水体。盲鱼，典型洞穴鱼类。

珍稀程度： 2022 年列入广西重点保护水生野生动物名录。

39. 峒敢洞鳅 *Troglonectes dongganensis* Yang, 2013

分类地位：鲤形目 Cypriniformes 条鳅科 Nemacheilidae 高原鳅属 *Triplophysa*。

鉴别特征：体延长，侧扁。吻部略尖。头平扁，似鸭嘴形。前、后鼻孔相连，前鼻孔位于短管中，末端延长呈须状。无眼。口下位。上、下唇表面光滑。须 3 对。背鳍分枝鳍条 8 根，臀鳍分枝鳍条 6～7 根，尾鳍分枝鳍条 14 根。尾柄上、下缘鳍褶发达。通体无鳞。生活时体乳白色，无色素；各鳍透明。

种群状况：种群数量极少。

地理分布：分布于广西河池市环江县川山镇峒敢村一洞穴。盲鱼，典型洞穴鱼类。

珍稀程度：2022 年列入广西重点保护水生野生动物名录。

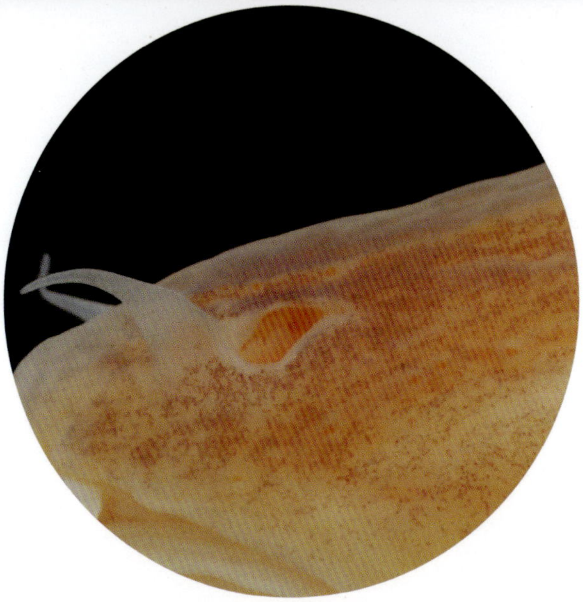

40. 罗城高原鳅 *Triplophysa luochengensis* Li, Lan, Chen & Du, 2017

分类地位：鲤形目 Cypriniformes 条鳅科 Nemacheilidae 高原鳅属 *Triplophysa*。

鉴别特征：体延长，头略平扁，前躯近圆筒形，后躯侧扁。口下位，口裂弧形。上、下唇表面具褶皱。前、后鼻孔相连，前鼻孔位于短管中，末端延长呈短须状。眼小，退化。须 3 对，外侧吻须最长。背鳍起点位于腹鳍起点之前，分枝鳍条 7 ~ 8 根；臀鳍分枝鳍条 5 ~ 6 根；尾鳍内凹，分枝鳍条 14 根。尾柄长，上、下缘鳍褶不发达。通体裸露无鳞。生活时体浅粉红色，体侧及背面散布褐色斑纹；眼前缘沿鼻孔下面至吻部色素变深，形成一黑色条纹；各鳍透明。

种群状况：种群数量极稀少。

地理分布：目前已知仅分布于广西河池市罗城县天河镇一洞穴。典型洞穴鱼类。

珍稀程度：2022 年列入广西重点保护水生野生动物名录。

41. 前腹原花鳅 *Protocobitis anteroventris* Lan, 2013

分类地位：鲤形目 Cypriniformes 鳅科 Cobitidae 原花鳅属 *Protocobitis*。

鉴别特征：体细长，稍侧扁。头长大于体高。吻肉质，呈锥状。无眼。眼下刺细小，分叉。前、后鼻孔相连，前鼻孔呈短管状，后缘具向后延长的膜瓣。口下位。下唇两侧具一发达的肉质颐瓣。须 3 对，短小。腹鳍起点明显位于背鳍起点之前。尾柄长而侧扁，上、下缘具发达的鳍褶，尾鳍后缘内凹。无侧线。通体无鳞。生活时通体乳白色，头背部两侧鳃孔处略红。与本种同一洞穴分布的有田林金线鲃和浪平高原鳅。

种群状况：种群数量极稀少。

地理分布：仅分布于广西百色市田林县浪平镇狮子口洞。盲鱼，典型洞穴鱼类。

珍稀程度：2022 年列入广西重点保护水生野生动物名录。

42. 无眼原花鳅 *Protocobitis typhlops* Yang & Chen, 1993

分类地位： 鲤形目 Cypriniformes 鳅科 Cobitidae 原花鳅属 *Protocobitis*。

鉴别特征： 体延长，稍侧扁。吻肉质，呈锥状。眼下刺细小，分叉。前、后鼻孔相连。无眼。口下位。上唇肉质，无任何缺刻或乳突；下唇分为左右两部分。须 3 对，无侧线。身体大部分裸露无鳞，仅在体侧中轴有稀疏的鳞片。胸鳍短。腹鳍起点约与背鳍起点相对。尾鳍后缘平截或弧形。尾侧扁，上、下缘无软鳍褶。雄性胸鳍第 1 根分枝鳍条延长且略变厚变粗。生活时体乳白色，两侧鳃孔处略红。

种群状况： 种群数量少。

地理分布： 分布于广西河池市都安县下坳镇坝牙村、高岭镇弄池村、隆福乡隆福村、保安乡巴善村弄黎洞等地溶洞。盲鱼，典型洞穴鱼类。

珍稀程度： 2022 年列入广西重点保护水生野生动物名录。

雌

雄

43. 小眼双须鳅 *Bibarba parvoculus* Wu, Yang & Lan, 2015

分类地位： 鲤形目 Cypriniformes 鳅科 Cobitidae 双须鳅属 *Bibarba*。

鉴别特征： 须 2 对，短小。眼退化，变小；眼下刺细小分叉。雄性胸鳍延长，末端尖，第 1 根分枝鳍条变厚变粗；背鳍分枝鳍条 7 ~ 8 根；臀鳍分枝鳍条 5 根。体表大部分裸露无鳞，无侧线。体白色，仅背部有少量黑色素。

种群状况： 种群数量极稀少。

地理分布： 仅分布于广西河池市罗城县天河镇附近一洞穴。典型洞穴鱼类。

珍稀程度： 2022 年列入广西重点保护水生野生动物名录。

雌

雄

44. 多鳞原花鳅 *Protocobitis polylepis* Zhu, Lü, Yang & Zhang, 2008

分类地位： 鲤形目 Cypriniformes 鳅科 Cobitidae 原花鳅属 *Protocobitis*。

鉴别特征： 体延长，稍侧扁。头部延长，侧扁。吻肉质，呈锥状。无眼。眼下刺细小，分叉。前、后鼻孔相连，前鼻孔呈短管状。口下位。下唇分为左右两部分。须 3 对。腹鳍起点与背鳍第 1 根分枝鳍条基部相对。尾柄长而侧扁，上、下缘无软鳍褶。尾鳍后缘几乎平直。无侧线。除头和腹部外，身体被细小鳞片。浸制标本体浅灰色，头背部和身体沿侧线上部体侧具褐色色素点。

种群状况： 种群数量极稀少。

地理分布： 仅分布于广西南宁市武鸣区，广西水产引育种中心周边地下河。盲鱼，典型洞穴鱼类。

珍稀程度： 2022 年列入广西重点保护水生野生动物名录。

45. 稀有白甲鱼 *Onychostoma rarum* (Lin, 1933)

分类地位： 鲤形目 Cypriniformes 鲤科 Cyprinidae 白甲鱼属 *Onychostoma*。

鉴别特征： 体延长、侧扁，前躯较高。口下位，横裂。上颌末端达眼前缘，下颌具角质薄锋。须 2 对，吻须细小，有时退化为 1 对小突起，口角须较长，约为眼径的 1/2。鳞中等大，侧线鳞 43 枚以上。背鳍末根不分枝鳍条为粗壮硬刺，后缘有强锯齿。胸鳍末端不达腹鳍起点，腹鳍起点在背鳍起点之后下方。尾鳍深叉形。体浅灰色，背部青黑色；体侧鳞片基部有新月形黑色斑。

种群状况： 种群数量少。

地理分布： 分布于漓江、柳江、红水河。栖息于水流较急的河滩。

珍稀程度： 2024 年列入贵州省重点保护水生野生动物名录。

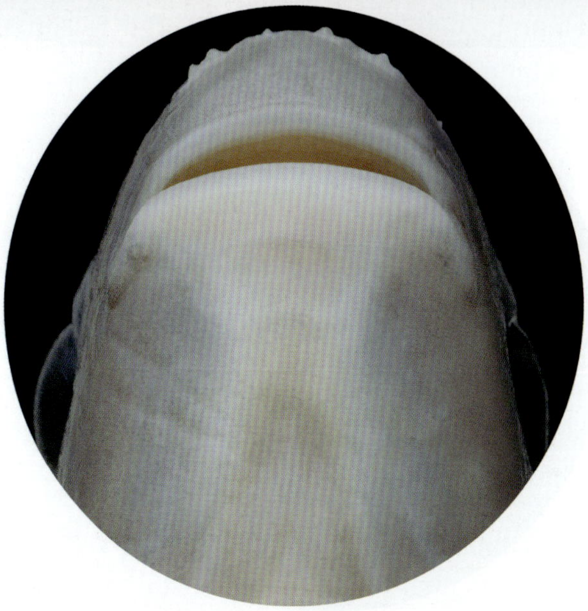

46. 长鳍光唇鱼 *Acrossocheilus longipinnis* (Wu, 1939)

分类地位： 鲤形目 Cypriniformes 鲤科 Cyprinidae 光唇鱼属 *Acrossocheilus*。

鉴别特征： 体较高，侧扁。头后背部隆起。口下位。下唇两侧瓣相距为口宽的 1/3。下颌前缘露出唇外，具角质薄锋。须 2 对，口角须长于吻须。鳞中等大，侧线鳞 42～44 枚。背鳍末根不分枝鳍条为粗壮硬刺，后缘具强锯齿。背鳍长于头长，较大个体末根不分枝鳍条和第 1 根分枝鳍条末端延长成丝状。胸鳍后伸接近腹鳍起点。腹鳍起点位于背鳍起点之后。尾鳍深叉形，上、下叶等长。体侧有 5 条青绿色垂直条纹，下部略窄，条纹宽 5～6 列鳞片。繁殖季节眼前缘至吻端具细小珠星。

种群状况： 种群数量较多，个体也较大，是江河主要经济鱼类。

地理分布： 广西各较大江河，如红水河、柳江、桂江、右江、左江均有分布。生活于水体中下层，刮取岩石上的固着藻类为食。

珍稀程度： 2024 年列入贵州省重点保护水生野生动物名录。

雄

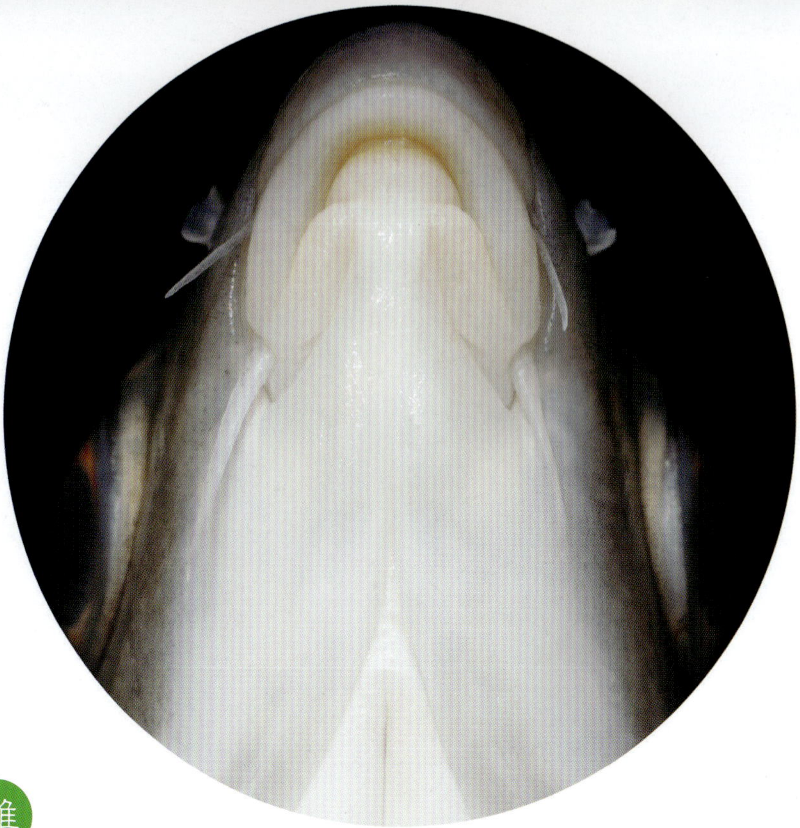

雌

47. 桂孟加拉鲮 *Bangana decora* (Peters, 1881)

分类地位： 鲤形目 Cypriniformes 鲤科 Cyprinidae 孟加拉鲮属 *Bangana*。

鉴别特征： 体长，侧扁。吻皮边缘光滑，吻皮覆盖上唇中部；上唇紧贴于上颌，在口角处与下唇相连。口下位。下唇与下颌分离，其间具有深沟相隔；唇后沟不相连。须 2 对，短小。鳞片中等大，侧线鳞 43 ~ 46 枚；围尾柄鳞 24 枚。背鳍无硬刺，起点在腹鳍之前。生活时体青绿色，背部颜色略深，腹部略白。体侧鳞片中心具红点。

种群状况： 柳江的龙江支流有一定种群数量。个体较大，是江河名贵的经济鱼类，近年已有一些地方开展人工养殖。

地理分布： 柳江、桂江、红水河、右江、左江均有分布。底层鱼类，栖息于水面开阔的河流。

珍稀程度： 2022 年列入广西重点保护水生野生动物名录。

48. 卷口鱼 *Ptychidio jordani* Myers, 1930

分类地位： 鲤形目 Cypriniformes 鲤科 Cyprinidae 卷口鱼属 *Ptychidio*。

鉴别特征： 体长形，前部略呈圆筒形。头小。吻圆钝。吻皮向腹面扩展而盖于上颌，边缘分裂成 10 ~ 12 条具侧枝的流苏。口下位，上唇消失。下颌与下唇分离，下颌边缘具角质；下唇腹面具短须状小乳突。唇后沟仅限于口角。须 2 对，口角须后伸不达眼后缘。侧线完全，平直。背鳍无硬刺，外缘深凹。尾鳍叉形。体棕黑色，各鳍鳍条均带黑色。

种群状况： 种群数量多，是广西江河主要经济鱼类之一。

地理分布： 红水河、柳江、桂江、右江、左江等主要河流均有分布。底层鱼类，杂食性，以河底蚬、螺类为主。

珍稀程度： 2024 年列入贵州省重点保护水生野生动物名录。

49. 唇鲮 *Semilabeo notabilis* Peters, 1881

分类地位： 鲤形目 Cypriniformes 鲤科 Cyprinidae 唇鲮属 *Semilabeo*。

鉴别特征： 体长，前部近圆筒形，尾柄部侧扁。吻皮下垂向腹面扩展形成口前室，表面具排列整齐的锉状角质突起，边缘完整不开裂。口下位，横裂。上唇消失。下唇很厚，下唇角质小乳突区呈三角形。上、下颌边缘锐利，上颌弧形，下颌平直。唇后沟短，不相连。眼大。须 2 对。背鳍外缘深凹，无硬刺。尾鳍叉形。鳞片大，围尾柄鳞 16 枚。背部青黑色，侧线以下体侧和腹部略白。体侧从头后至尾鳍基部有灰褐色的鳞间纵纹 8 ~ 9 条。

种群状况： 种群数量少。

地理分布： 广西各较大河流均有分布，为江河名贵经济鱼类。底层鱼类，以岩石上的固着藻类为食，生活于较大的河流。

珍稀程度： 2022 年列入广西重点保护水生野生动物名录。

50. 暗色唇鲮 *Semilabeo obscurus* Lin, 1981

分类地位： 鲤形目 Cypriniformes 鲤科 Cyprinidae 唇鲮属 *Semilabeo*。

鉴别特征： 体长，前部近圆筒形，尾柄部侧扁。吻皮下垂向腹面扩展形成口前室，表面具排列整齐的锉状角质突起，边缘完整不开裂。口下位，横裂。上唇消失。下唇很厚，下唇角质小乳突区呈三角形。上、下颌边缘锐利，上颌弧形，下颌平直。唇后沟短，不相连。须 2 对。背鳍外缘深凹，无硬刺。尾鳍叉形。鳞片大，围尾柄鳞 20 枚。体侧和背部青黑色，体侧具不明显的小黑斑，但不形成纵纹。

种群状况： 有一定种群量，已有人工驯养和繁殖。

地理分布： 分布于珠江流域的右江、左江、红水河，是分布地经济鱼类之一。底层鱼类，喜栖息于水急流处，刮取岩石上固着藻类为食。

珍稀程度： 2024 年列入贵州省重点保护水生野生动物名录。

51. 修仁鉠 *Xiurenbagrus xiuenensis* (Yue, 1981)

分类地位： 鲇形目 Siluriformes 钝头鮠科 Amblycipitidae 修仁鉠属 *Xiurenbagrus*。

鉴别特征： 体延长，较小。头平扁。吻较圆。口下位，上颌长于下颌。犁骨齿带分离，呈两行。须 4 对，口角须最长。眼小。两鼻孔相邻。鳃盖膜不与峡部相连。背鳍分枝鳍条 6 根。胸鳍刺内缘有锯齿。脂鳍后端游离，脂鳍起点与臀鳍起点相对或略前。臀鳍短，不达尾鳍基。尾鳍内凹或平截。体褐棕色，腹部淡黄色，背鳍和尾鳍的边缘略白。

种群状况： 种群数量极少。

地理分布： 分布于桂江、荔浦修仁河等。肉食性鱼类，以小鱼、虾为食。

珍稀程度： 2022 年列入广西重点保护水生野生动物名录。

1 cm

52. 巨修仁鲀 *Xiurenbagrus gigas* Zhao, Lan & Zhang, 2004

分类地位：鲇形目 Siluriformes 钝头鮠科 Amblycipitidae 修仁鲀属 *Xiurenbagrus*。

鉴别特征：体延长。头平扁，头长大于头宽。吻较圆。口下位，上颌长于下颌。犁骨齿带分离，呈两行。须 4 对，口角须最长。眼小。两鼻孔相邻。鳃盖膜不与峡部相连。背鳍分枝鳍条 6 根。脂鳍后端游离。臀鳍短，不达尾鳍基。胸鳍刺内缘有锯齿。尾鳍内凹或平截。体褐棕色，腹部淡黄色，背鳍和尾鳍的边缘略白。

种群状况：种群数量极少。

地理分布：分布于红水河干流的都安县、天峨县境内河段。肉食性鱼类，以小鱼、虾为食。

珍稀程度：2022 年列入广西重点保护水生野生动物名录。

3 cm

53. 后背修仁鉠 *Xiurenbagrus dorsalis* Xiu, Yang & Zheng, 2014

分类地位： 鲇形目 Siluriformes 钝头鮠科 Amblycipitidae 修仁鉠属 *Xiurenbagrus*。

鉴别特征： 背鳍较后，胸鳍后伸远不达背鳍起点；腹鳍起点约与背鳍第 4 ~ 5 根分枝鳍条相对。上颌显著突出于下颌之前。口角须长大于头长。胸鳍刺内缘光滑无锯齿；脂鳍末端与尾鳍相连。尾柄长大于臀鳍基长；臀鳍分枝鳍条 9 根。无眼。

种群状况： 种群数量极少。

地理分布： 分布于广西贺州市富川县境内地下河。盲鱼，典型洞穴鱼类。

珍稀程度： 2022 年列入广西重点保护水生野生动物名录。

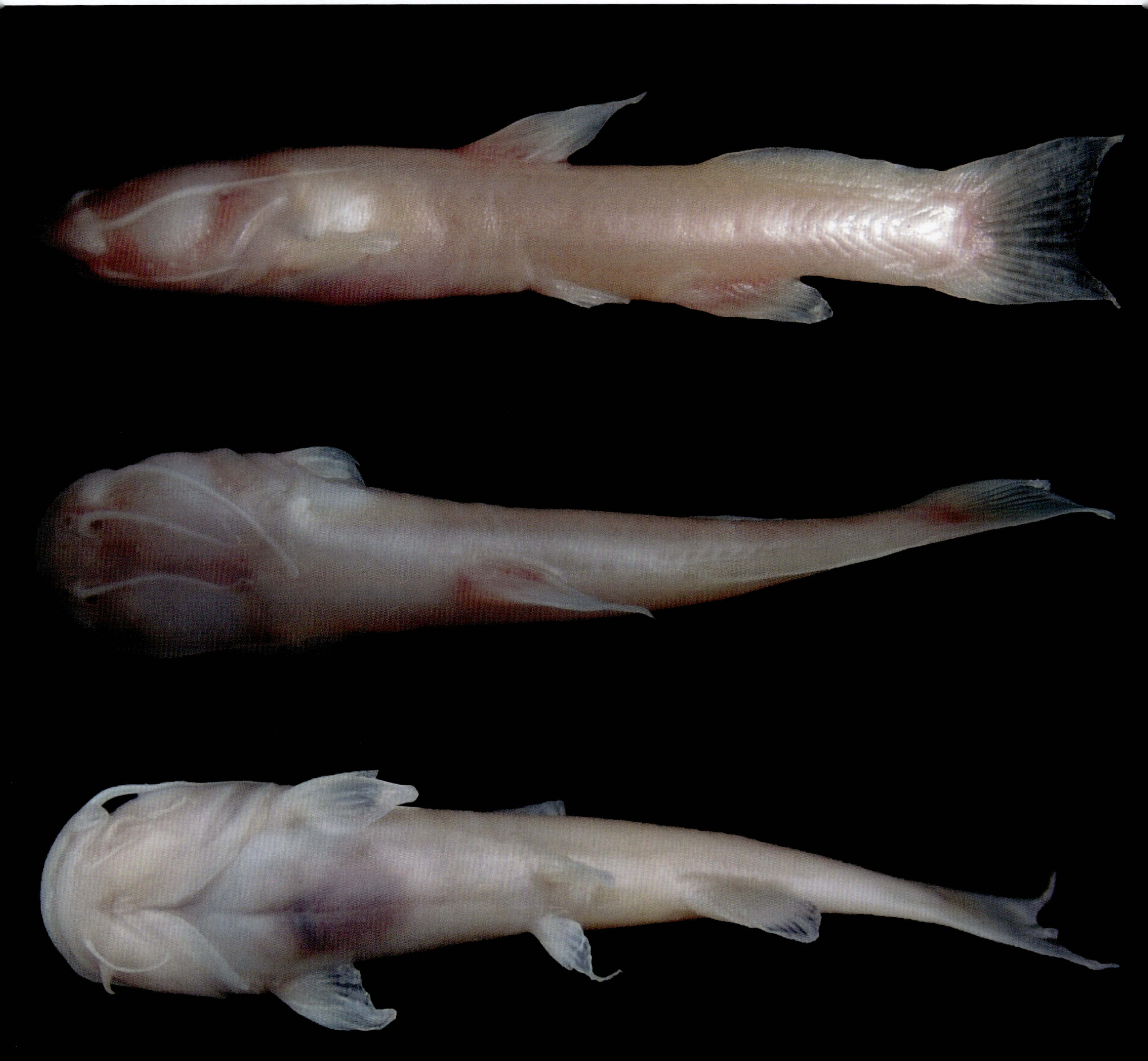

54. 长臀鮠 *Cranoglanis bouderius* (Richardson, 1846)

分类地位： 鲇形目 Siluriformes 长臀鮠科 Cranoglanididae 长臀鮠属 *Cranoglanis*。

鉴别特征： 体延长，侧扁。头近锥形。枕突长，后延几达背鳍起点。口亚下位，上颌长于下颌。后鼻孔之前有一鼻须，可伸达眼。口角须伸达胸鳍起点。颏须 2 对。背鳍高，最长硬刺略短于最长分枝鳍条，后缘具锯齿。腹鳍分枝鳍条 10 ~ 11 根。脂鳍小。臀鳍基长，具 26 ~ 34 根分枝鳍条。腹鳍超过臀鳍起点。肛门紧靠臀鳍基。尾鳍深分叉。活体浅褐色，腹部略白。鳍条灰白色，基部黄色。

种群状况： 种群数量较少。

地理分布： 红水河、柳江、桂江、浔江和邕江均有分布。栖息于江河底层。肉食性，以小鱼、虾为食。

珍稀程度： 2024 年列入贵州省重点保护水生野生动物名录。

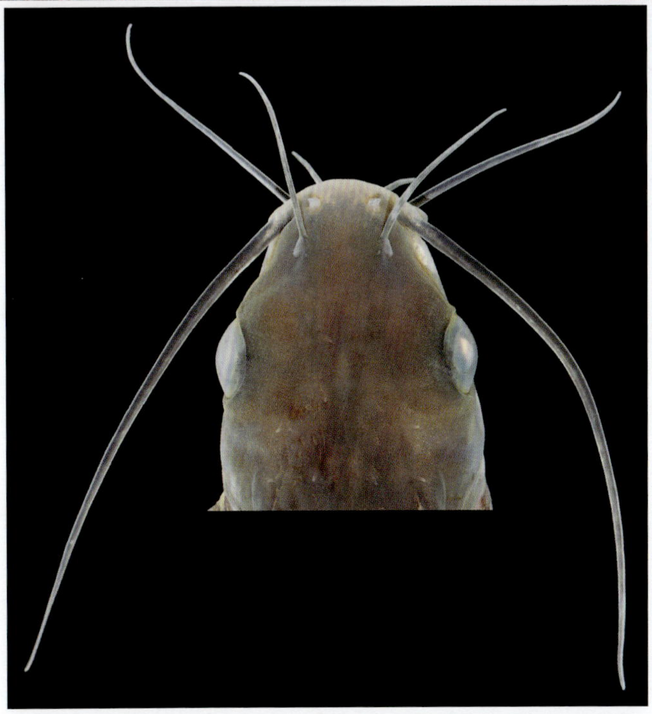

55. 长尾鮡 *Pareuchiloglanis longicauda* (Yue, 1981)

分类地位： 鲇形目 Siluriformes 鮡科 Sisoridae 鮡属 *Pareuchiloglanis*。

鉴别特征： 体长形，前躯平扁，后躯侧扁，尾柄细长。头宽，平扁。吻宽而圆。口下位，弧形。上、下颌具齿带。须 4 对；鼻须 1 对，后伸将达眼前缘。眼小，侧上位。前、后鼻孔相邻。鳃孔窄，下角伸达胸鳍第 1 根不分枝鳍条的上部。背鳍无硬刺，起点距吻端较距脂鳍起点为远。脂鳍末端尖，游离。胸鳍及腹鳍的基部宽厚。胸鳍不达腹鳍。尾鳍平截。背部棕褐色，腹部黄色。上枕骨两侧各有一黄色斑点。背鳍起点向前两侧各有一圆形黄斑。脂鳍起点有一纵椭圆形黄斑，脂鳍灰黄色。

种群状况： 种群数量很少。

地理分布： 分布于西江水系的红水河、南盘江、北盘江等。小型肉食性鱼类，栖息于山区小河、溪流多岩石砾石河段。

珍稀程度： 2024 年列入贵州省重点保护水生野生动物名录。

2 cm

56. 中国少鳞鳜 *Coreoperca whiteheadi* Boulenger, 1900

分类地位： 鲈形目 Perciformes 真鲈科 Percichthyidae 少鳞鳜属 *Coreoperca*。

鉴别特征： 体长圆形，侧扁。头长与体高几乎相等。口端位，口裂大。上颌骨末端游离，后缘延伸到眼下方。体被小圆鳞。侧线完全。背鳍 2 个，基部相连。第 1 背鳍全为 13 根鳍棘，第 2 背鳍末端近尾鳍基部。第 2 臀鳍棘长而粗壮。胸鳍圆形。尾鳍圆形。鳃耙 7 枚。幽门垂 3 枚。体棕色，腹部略浅。眼后头侧有 3 条辐射状黑色斜纹带，鳃盖后端有一黑色圆斑。体侧有不规则暗色斑纹。奇鳍有由黑色斑点组成的条纹。

种群状况： 产地常见经济鱼类，种群数量多。

地理分布： 红水河、柳江、桂江、左江、右江、融江等均有分布。小型凶猛肉食性鱼类，以小鱼、虾为食。

珍稀程度： 2024 年列入贵州省重点保护水生野生动物名录。

3 cm

第三篇　已列入珍稀物种鱼类

1. 日本鳗鲡 *Anguilla japonica* Temminck & Schlegel, 1846

分类地位： 鳗鲡目 Anguilliformes 鳗鲡科 Anguillidae 鳗鲡属 *Anguilla*。

鉴别特征： 体细长如蛇状，前部圆柱形，尾部侧扁。奇鳍相连。背鳍起点距鳃孔的距离大于至肛门的距离，臀鳍起点与背鳍起点的距离为头长的 1/2 ~ 2/3。尾鳍圆钝。体青灰色，腹部白色，无斑点。

种群状况： 种群数量少。

地理分布： 广西境内各主要江河均有分布。为降河入海产卵的洄游性鱼类。成鱼栖息于江河湖泊及水库底层，白天潜伏在洞穴或石缝中，夜间出来活动。成鱼以小型鱼虾、水生昆虫等为食。

珍稀程度： 2020 年列入中国生物多样性红色名录濒危 (EN) 级。

2. 鳤 *Ochetobius elongatus* (Kner, 1867)

分类地位：鲤形目 Cypriniformes 鲤科 Cyprinidae 鳤属 *Ochetobius*。

鉴别特征：体细长，侧扁。头小，呈锥形。口小，端位，上颌稍长于下颌。无须。鳞小，腹鳍基部腋鳞发达。侧线完全，侧线鳞 68 ~ 70 枚。背鳍短，分枝鳍条 9 ~ 10 根；臀鳍分枝鳍条 9 根。尾鳍深分叉。第一鳃弓外侧鳃耙 28 ~ 30 条。下咽齿 3 行，2・4・4–5・4・2。体背部及体侧上半部深褐色，体侧及腹部银白色，尾鳍后缘浅灰色。

种群状况：种群数量稀少，但个体较大。

地理分布：分布于桂江、柳江、红水河、左江、右江等各大江大河。生活于水体上层，以小鱼为食。

珍稀程度：2020 年列入中国生物多样性红色名录极危 (CR) 级。

3. 台梅氏鳊 *Metzia formosae* (Oshima, 1920)

分类地位： 鲤形目 Cypriniformes 鲤科 Cyprinidae 梅氏鳊属 *Metzia*。

鉴别特征： 体小、延长，侧扁。头短，吻钝。口亚上位。背鳍无硬刺，起点在腹鳍之后，背鳍分枝鳍条 7 根；胸鳍分枝鳍条 13 ~ 14 根；腹鳍分枝鳍条 8 根；臀鳍外缘内凹，分枝鳍条 14 ~ 18 根；尾鳍深分叉。腹棱自腹鳍基至肛门。鳞小，侧线鳞 43 ~ 44 枚。体银白色，背部灰色。体侧沿中轴线有 1 条黑色的纵纹。

种群状况： 种群数量少，个体较小。

地理分布： 分布于浔江、郁江。生活于水体中上层。

珍稀程度： 2020 年列入中国生物多样性红色名录易危 (VU) 级。

4. 长麦穗鱼 *Pseudorasbora elongata* Wu, 1939

分类地位： 鲤形目 Cypriniformes 鲤科 Cyprinidae 麦穗鱼属 *Pseudorasbora*。

鉴别特征： 体细长，近圆筒形。头尖。吻平扁。口小。无须。眼大。侧线完全，平直；侧线鳞 44 ~ 45 枚，背鳍前鳞 16 ~ 17 枚，围尾柄鳞 14 枚。背鳍无硬刺，背鳍分枝鳍条 7 根；臀鳍分枝鳍条 6 根；尾鳍分叉较深。下咽齿 1 行，5–5。生活时体呈暗灰色，体侧自吻端过眼向后沿侧线至尾鳍基部的末端具一宽阔的黑色纵纹；尾鳍基中央有一黑斑；腹部白色。

种群状况： 种群数量稀少。

地理分布： 分布于广西来宾市金秀县境内大瑶山的溪流。山涧溪流中的小型鱼类。

珍稀程度： 2020 年列入中国生物多样性红色名录易危 (VU) 级。

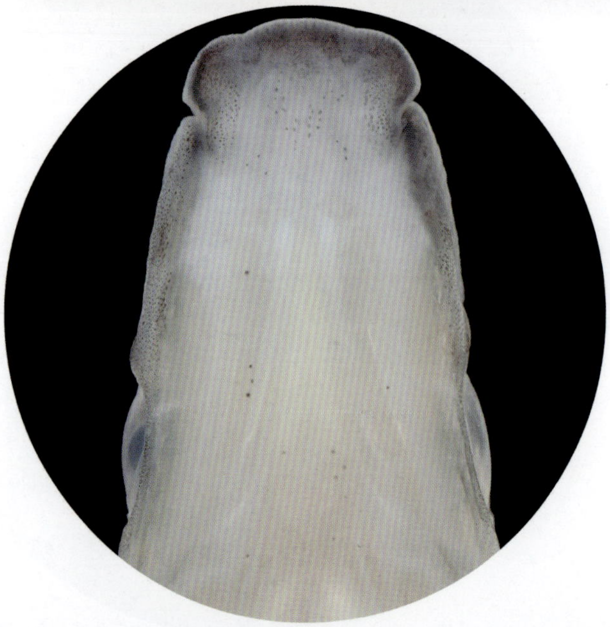

5. 南方鳅鮀 *Gobiobotia meridionalis* Chen & Cao, 1977

分类地位： 鲤形目 Cypriniformes 鲤科 Cyprinidae 鳅鮀属 *Gobiobotia*。

鉴别特征： 体延长，前部近圆筒形，尾柄侧扁。头平扁。口下位。须 4 对，外侧颌须可伸达胸鳍起点。眼较大，侧上位。背鳍起点位于腹鳍起点之前；胸鳍可达腹鳍起点；腹鳍后伸接近臀鳍起点；臀鳍微凹；尾鳍分叉，下叶圆钝，下叶稍长于上叶。侧线鳞 41 ~ 43 枚。体侧及各鳍具众多小黑斑，体侧沿侧线上方有 6 个棕黑色斑块。背鳍、尾鳍有不显著的黑色条纹。

种群状况： 种群在分布地有一定数量。

地理分布： 分布于桂江。生活于水流湍急的河滩处。

珍稀程度： 2020 年列入中国生物多样性红色名录近危 (NT) 级。

6. 粗须白甲鱼 *Onychostoma barbatum* (Lin, 1931)

分类地位：鲤形目 Cypriniformes 鲤科 Cyprinidae 白甲鱼属 *Onychostoma*。

鉴别特征：体长形，稍侧扁。鼻前方浅凹。口下位；口裂窄，头长为吻长的 2.7 倍以上。上、下唇在口角处相连。下颌边缘具角质薄锋。须 2 对。鳞片中等大。侧线完全。第一鳃弓外侧鳃耙 25 条以下。背鳍末根不分枝鳍条柔软，后缘一般无锯齿或有弱锯齿。体侧沿侧线有一浅黑色纵带。

种群状况：有一定的种群数量。

地理分布：分布于广西境内的柳江、桂江水系的支流。喜流水环境，生活于山溪的小河流。

珍稀程度：2020 年列入中国生物多样性红色名录近危 (NT) 级。

7. 细尾白甲鱼 *Onychostoma lepturum* (Boulenger, 1899)

分类地位：鲤形目 Cypriniformes 鲤科 Cyprinidae 白甲鱼属 *Onychostoma*。

鉴别特征：体细长，侧扁；尾柄较细。吻钝，顶端具珠星；吻皮与上唇分离。口下位，横裂。下颌具锐利的角质前缘。无须。鳞片中等大，背鳍前鳞 12 ~ 15 枚；侧线完全，侧线鳞 46 ~ 48 枚。背鳍末根不分枝鳍条柔软不变粗，后缘无锯齿。尾鳍深分叉，尾鳍最长鳍条约为中央最短鳍条的 3 倍。体浅黄色，体侧沿侧线有 1 条暗色条纹。臀鳍、背鳍和尾鳍边缘淡红色。

种群状况：种群数量较少。

地理分布：分布于广西百色市西林县境内的驮娘江及其支流。喜生活于流水环境的江河。

珍稀程度：2020 年列入中国生物多样性红色名录近危 (NT) 级。

8. 卵形白甲鱼 *Onychostoma ovale* Pellegrin & Chevey, 1936

分类地位：鲤形目 Cypriniformes 鲤科 Cyprinidae 白甲鱼属 *Onychostoma*。

鉴别特征：体高，侧扁。头短，吻钝。口下位，口裂平直。下颌前缘具角质边缘。须2对。鳞片中等大，侧线鳞46枚以下。侧线完全，稍弯，后延至尾柄正中。背鳍末根不分枝鳍条为粗壮硬刺，后缘具强锯齿；第1分枝鳍条长度超过头长。腹鳍起点在背鳍起点之后下方。尾鳍深分叉。体青绿色，背部灰黑色。体侧鳞片基部具新月形黑色斑。各鳍淡黄色。

种群状况：种群数量多。

地理分布：红水河、柳江、桂江、右江、左江均有分布，在柳江、红水河是主要经济鱼类。喜栖息于急流险滩处。

珍稀程度：2020年列入中国生物多样性红色名录近危(NT)级。

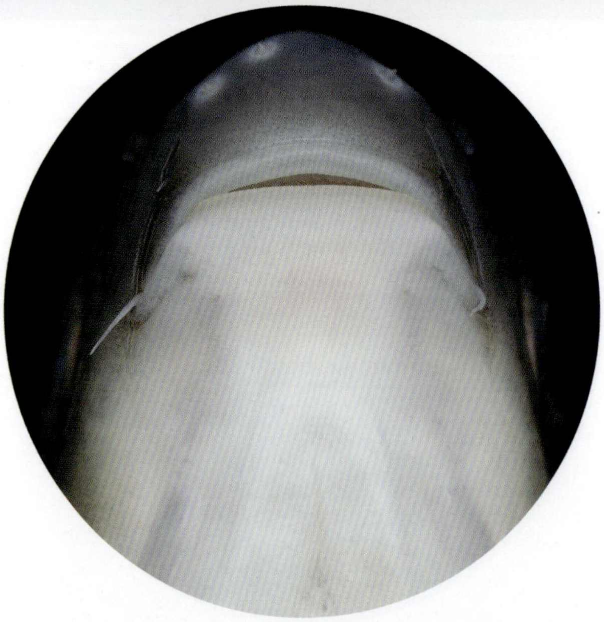

9. 白甲鱼 *Onychostoma simum* (Sauvage & Dabry de Thiersant, 1874)

分类地位：鲤形目 Cypriniformes 鲤科 Cyprinidae 白甲鱼属 *Onychostoma*。

鉴别特征：体长形，稍侧扁。口下位；口裂宽，弧形。下颌裸露，边缘具角质薄锋。成鱼无须。鳞片中等大。侧线完全。第一鳃弓外侧鳃耙 30 条以上。背鳍外缘内凹，末根不分枝鳍条为粗壮硬刺，后缘一般有锯齿。腹鳍起点位于背鳍起点之后下方。体银白色，体侧鳞片基部有新月形暗斑。胸鳍、腹鳍和尾鳍边缘略黄。

种群状况：种群数量少，但个体较大。

地理分布：分布于柳江及其支流。江河底层鱼类，以锋利的下颌铲食岩石上的固着藻类，兼食小型底栖水生动物。

珍稀程度：2020 年列入中国生物多样性红色名录近危 (NT) 级。

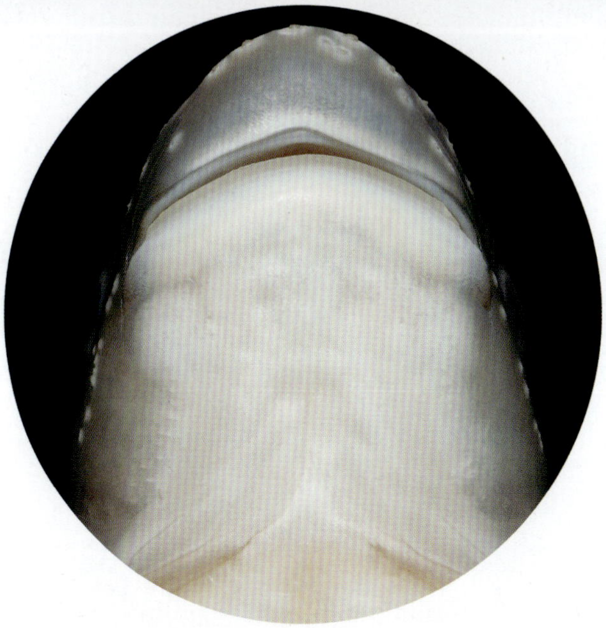

10. 小口白甲鱼 *Onychostoma lini* (Wu, 1939)

分类地位： 鲤形目 Cypriniformes 鲤科 Cyprinidae 白甲鱼属 *Onychostoma*。

鉴别特征： 体细长，侧扁；尾柄较细。吻钝。口下位。下颌具角质薄锋。须 2 对。鳞片中等大，侧线完全，侧线鳞 46 枚以上。背鳍末根不分枝鳍条为粗壮硬刺，后缘具强锯齿。尾鳍深叉形。体银白色，背部浅灰色。体侧鳞片基部有新月形黑色斑，沿侧线有 1 条暗色条纹。尾鳍内缘微黑。

种群状况： 有一定的种群数量，是经济鱼类之一。

地理分布： 红水河及柳江、桂江等较大河流均有分布。喜栖息于急流的河滩。

珍稀程度： 2020 年列入中国生物多样性红色名录易危 (VU) 级。

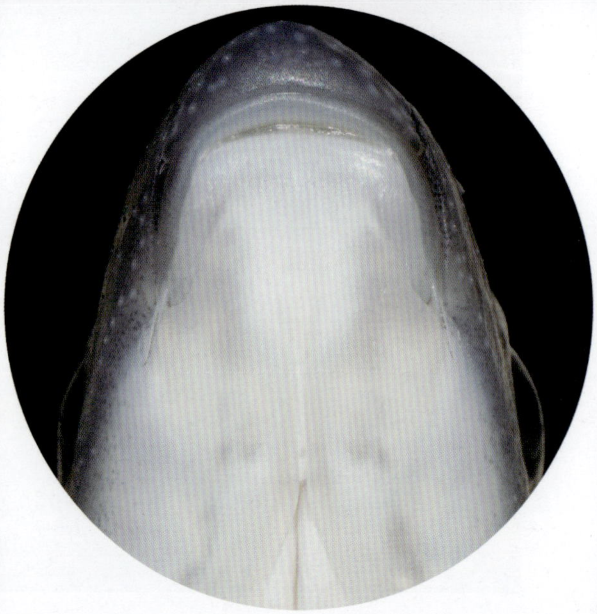

11. 副结鱼 *Parator zonatus* (Lin, 1935)

分类地位： 鲤形目 Cypriniformes 鲤科 Cyprinidae 副结鱼属 *Parator*。

鉴别特征： 体延长而侧扁，呈三角形，身体最高处位于背鳍起点。口下位，口裂呈马蹄形。下唇分两侧叶和一中间叶；中间叶较大、呈舌状，后伸超过两侧叶；唇后沟连续。须 2 对，小于眼径。鳞中等大，侧线鳞 45 ~ 47 枚。背鳍外缘内凹，末根不分枝鳍条为粗壮硬刺，后缘具锯齿。胸鳍长，后伸超过背鳍起点的下方，接近腹鳍起点。腹鳍起点在背鳍起点之后下方。尾鳍深分叉。体侧及背部青绿色，腹部略白。体侧鳞片基部具新月形黑色斑。各鳍边缘淡黄色。体侧有 5 条粗黑色横条纹，条纹宽约 3 枚鳞片。

种群状况： 种群数量极稀少，近 30 年来标本采集均未获得。

地理分布： 在广西境内红水河、柳江等大的江河过去均有分布。喜栖息于多岩石的深水区，喜清水激流。为江河中下层鱼类，以底栖动物为食。

珍稀程度： 2020 年列入中国生物多样性红色名录易危 (VU) 级。

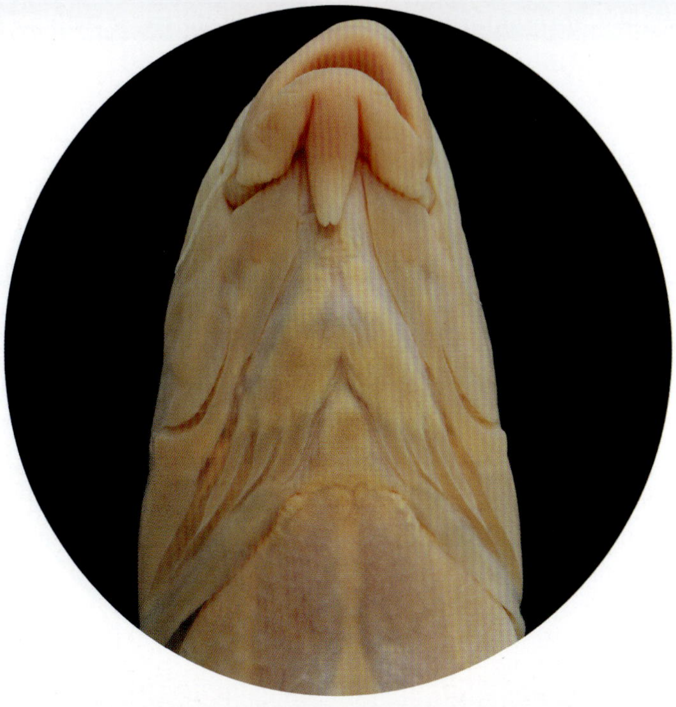

12. 瓣结鱼 *Folifer brevifilis* (Peters, 1881)

分类地位： 鲤形目 Cypriniformes 鲤科 Cyprinidae 瓣结鱼属 *Folifer*。

鉴别特征： 体延长，侧扁。头较长，吻尖。口下位，口裂呈马蹄形。下唇分两侧叶和一中间叶，中间叶较大、呈舌状；唇后沟连续。须 2 对。鳞片中等大，侧线鳞 45 ~ 47 枚。背鳍末根不分枝鳍条为粗壮硬刺，后缘具锯齿。腹鳍起点在背鳍起点之后下方。尾鳍深分叉。第一鳃弓外侧鳃耙 25 ~ 29 条。体侧及背部青绿色，腹部略白。体侧鳞片基部具新月形黑色斑。各鳍边缘淡黄色。

种群状况： 种群数量少。

地理分布： 红水河、柳江、桂江、右江、左江均有少量分布。江河底鱼类，喜在水流较急的河段生活。

珍稀程度： 2020 年列入中国生物多样性红色名录近危 (NT) 级。

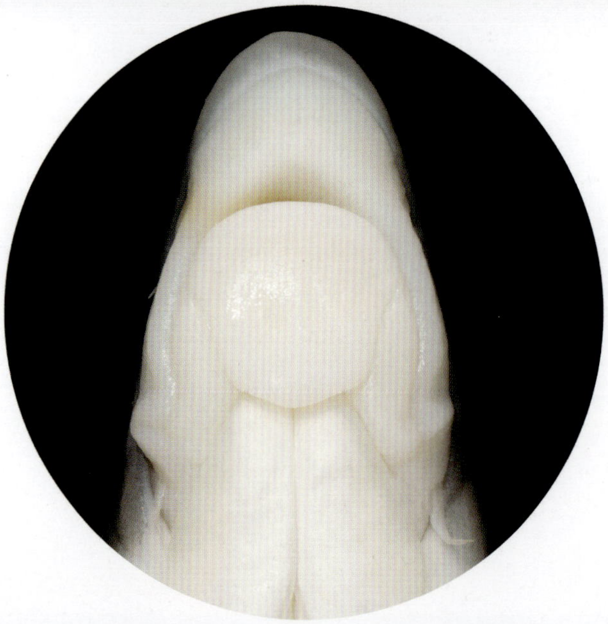

13. 纹唇鱼 *Osteochilus salsburyi* Nichols & Pope, 1927

分类地位： 鲤形目 Cypriniformes 鲤科 Cyprinidae 纹唇鱼属 *Osteochilus*。

鉴别特征： 体侧扁。吻皮覆盖上唇基部，与上唇分离。口小，亚下位。上唇与上颌分离，上唇两侧外翻，具斜行条纹皮褶。下唇发达，与下颌分离，具条形皮褶。下颌前缘具角质薄锋。须 2 对，短小。鳞片中等大，侧线鳞 32 ~ 34 枚。背鳍无硬刺，起点位于腹鳍起点之前。尾鳍叉形。体背侧灰黑色，腹侧略白，体侧近尾柄处有一不明显的黑色纵带。

种群状况： 有一定种群数量。

地理分布： 西江各支流均有分布。为我国南方江河、水库常见的小型鱼类。

珍稀程度： 2020 年列入中国生物多样性红色名录近危 (NT) 级。

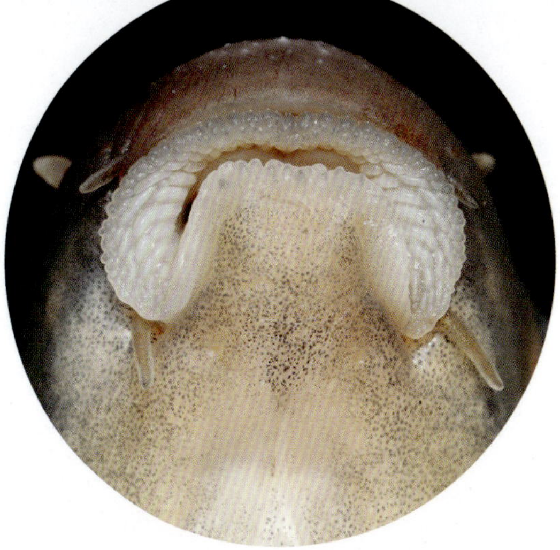

14. 伍氏孟加拉鲮 *Bangana wui* Zheng & Chen, 1983

分类地位： 鲤形目 Cypriniformes 鲤科 Cyprinidae 孟加拉鲮属 *Bangana*。

鉴别特征： 体延长，侧扁。鼻孔前缘向下凹陷。吻皮发达，边缘光滑，与上唇分离；上唇紧贴于上颌，在口角处与下唇相连。口下位。下唇与下颌分离，其间具有深沟相隔；唇后沟以浅沟相连。须 2 对，极短小。鳞片中等大，侧线鳞 41 ~ 45 枚；围尾柄鳞 16 枚。背鳍无硬刺，分枝鳍条 10 ~ 11 根；胸鳍短，不达背鳍起点的下方；腹鳍起点位于背鳍起点之后，后伸不达臀鳍起点；尾鳍深分叉。生活时体侧每个鳞片的周边紫蓝色，中央朱红色。腹部乳白色。各鳍灰色。

种群状况： 种群数量极少，近 20 年来已很难见到。

地理分布： 20 世纪，在广西境内的红水河、柳江、桂江等河流均有分布。底层鱼类，喜欢在水流较急的河段生活。

珍稀程度： 2020 年列入中国生物多样性红色名录濒危 (EN) 级。

15. 长须卷口鱼 ***Ptychidio longibarbus*** **Chen & Chen, 1989**

分类地位： 鲤形目 Cypriniformes 鲤科 Cyprinidae 卷口鱼属 *Ptychidio*。

鉴别特征： 体长形，前部略呈圆筒形。头小。吻圆钝。吻皮向腹面扩展而盖于上颌，边缘分裂成灌丛状流苏。口下位，上唇消失。下颌与下唇分离，下颌边缘具角质；下唇光滑。唇后沟仅限于口角。须 2 对，口角须后伸达眼后缘。侧线完全，平直。背鳍无硬刺，外缘深凹。尾鳍叉形。体浅棕色，各鳍灰色。

种群状况： 有一定种群数量，是分布河段的经济鱼类之一。

地理分布： 分布于红水河干流及大的支流下游河段。底层鱼类，栖息于有岩石尤其有洞穴的河段，常入洞穴生活。

珍稀程度： 2020 年列入中国生物多样性红色名录极危 (CR) 级。

16. 异华鲮 *Parasinilabeo assimilis* Wu & Yao, 1977

分类地位： 鲤形目 Cypriniformes 鲤科 Cyprinidae 异华鲮属 *Parasinilabeo*。

鉴别特征： 体近圆筒形。体长为体高的 3.8 ~ 4.3 倍。吻圆钝。吻皮肥厚，向腹面伸展，覆盖上颌，边缘有直行排列的角质突起。口下位。上唇消失。下唇与下颌分离，下唇具乳突。上、下颌具角质前缘。唇后沟仅限于口角。须 2 对。鳞片中等大。侧线平直。背鳍无硬刺。尾鳍叉形。体灰黑色，腹部乳白色。体侧具 2 ~ 3 条黑色纵纹。

种群状况： 种群数量多，但个体小，是山区小型经济鱼类。

地理分布： 桂江、柳江各支流均有分布，红水河分布于刁江支流。生活于山涧溪流中，喜欢水流的环境。

珍稀程度： 2020 年列入中国生物多样性红色名录易危 (VU) 级。

17. 短鳔盘鮈 *Discogobio brachyphysallidos* Huang, 1989

分类地位： 鲤形目 Cypriniformes 鲤科 Cyprinidae 盘鮈属 *Discogobio*。

鉴别特征： 体小、粗壮，前部呈圆筒形。吻部圆钝，常具细小颗粒状珠星。口下位。吻皮下包，盖于上颌。吻皮与上颌分离，上唇消失。下颌与下唇分离，下唇宽阔，有吸盘，吸盘中央为一小而光滑的肉质垫，垫前面及两侧有隆起的皮褶，呈马蹄形，下唇后缘游离。须 2 对，短于眼径。胸腹部裸露区大。背鳍无硬刺，外缘微凹；胸鳍后不达背鳍起点下方；腹鳍起点与背鳍第 4 ~ 5 根分枝鳍条相对，后伸可达臀鳍基；尾鳍浅叉形。体背部及侧面棕黑色，腹部灰白色。尾鳍上、下侧各具一黑色条纹。

种群状况： 有一定种群数量但个体较小。

地理分布： 分布于广西百色市凌云县。生活于山涧水温较低的溪流环境。

珍稀程度： 2020 年列入中国生物多样性红色名录近危 (NT) 级。

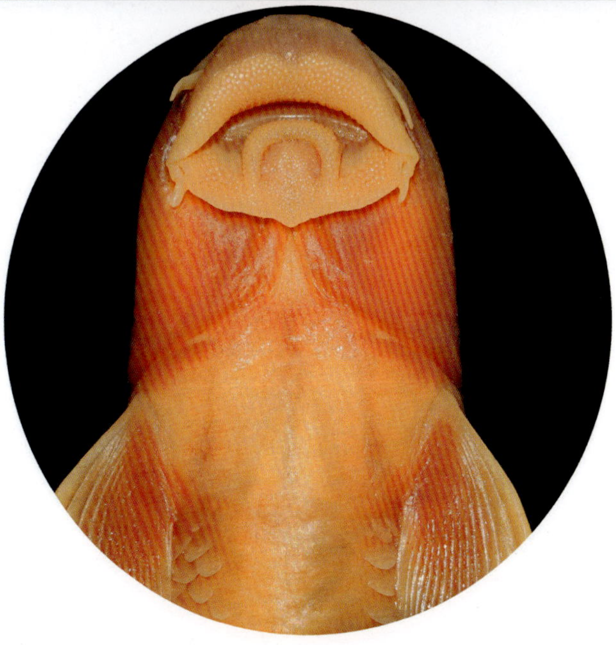

18. 宽头盘鮈 *Discogobio laticeps* Chu, Cui & Zhou, 1993

分类地位： 鲤形目 Cypriniformes 鲤科 Cyprinidae 盘鮈属 *Discogobio*。

鉴别特征： 体长，前部呈圆筒形。头宽大于头高。吻部圆，无吻突，吻端近背面具 1 对大珠星，周围布满小珠星。吻皮下包盖于上颌外面，边缘纵裂。口下位，呈弧形。吻皮与上颌分离，上唇消失。下颌与下唇分离。下唇宽阔，形成大吸盘，后缘游离。须 2 对，均短小。背鳍无硬刺。尾鳍叉形。体墨绿色，腹部略浅。尾鳍上、下缘为黑色。

种群状况： 有一定种群数量。

地理分布： 分布于广西河池市巴马县，百色市田林县、隆林县境内，均属西江水系的红水河支流。栖息于山区小溪流、水流急的环境。

珍稀程度： 2020 年列入中国生物多样性红色名录近危 (NT) 级。

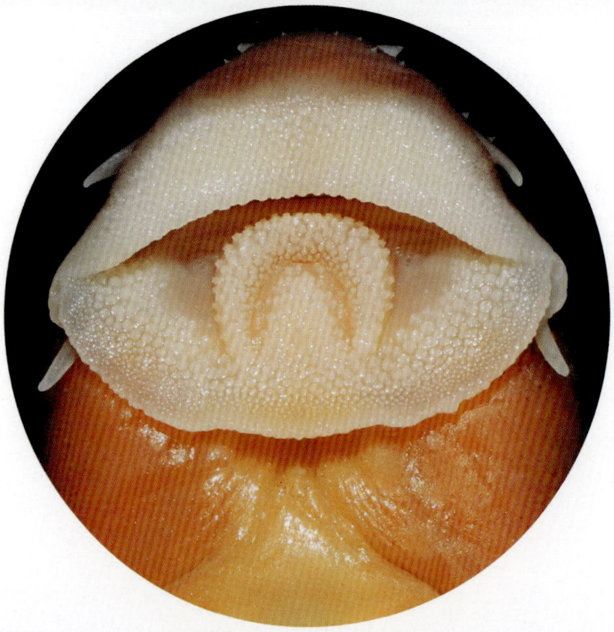

19. 龙州鲤 *Cyprinus longzhouensis* Yang & Hwang, 1977

分类地位：鲤形目 Cypriniformes 鲤科 Cyprinidae 鲤属 *Cyprinus*。

鉴别特征：体高，侧扁。腹部较平直，全体略呈三角形。头小，头长小于体高。吻短、钝。口亚下位。唇厚，表面有小乳突。须 2 对，口角须长于吻须。眼大，侧上位。鳞大；侧线向后伸达尾柄正中。背鳍与臀鳍均具硬刺，背鳍外缘平直，起点与腹鳍起点相对。胸鳍末端可伸达腹鳍基部。腹鳍末端可伸达肛门。尾鳍深分叉。体背部浅灰色，腹部略白；各鳍呈浅黑色。

种群状况：种群数量极少，很难见到。

地理分布：分布于左江支流龙州段。底层鱼类，喜欢在水流较急的河段生活。

珍稀程度：2020 年列入中国生物多样性红色名录濒危 (EN) 级。

20. 越南隐鳍鲇 *Pterocryptis cochinchinensis* (Valenciennes, 1840)

分类地位： 鲇形目 Siluriformes 鲇科 Siluridae 隐鳍鲇属 *Pterocryptis*。

鉴别特征： 体长形，背鳍后部长而侧扁。头宽且钝圆，略平扁。口大，亚下位。上颌长于下颌。前、后鼻孔相离较远，前鼻孔呈短管状。须 2 对，口角须较长，后伸常及腹鳍。鳃耙 5 ~ 6 条。鳃盖膜不与鳃峡相连。侧线完全。背鳍短小，无硬刺。臀鳍基长，后端与尾鳍相连。胸鳍骨质硬刺前缘光滑，后缘具弱锯齿。尾鳍平截或略内凹。活体深灰褐色，腹部灰白色；各鳍灰白色，臀鳍和胸鳍边缘具白边。

种群状况： 常见经济鱼类，种群数量多。

地理分布： 广泛分布于红水河、柳江、桂江、左江、右江水系。以小鱼、虾为主要饵料的小型肉食性鱼类。

珍稀程度： 2020 年列入中国生物多样性红色名录近危 (NT) 级。

21. 细长拟鲿 *Pseudobagrus gracilis* Li, Chen & Chan, 2005

分类地位：鲇形目 Siluriformes 鲿科 Bagridae 拟鲿属 *Pseudobagrus*。

鉴别特征：体细长，体长为体高的 4.5 倍以上。头平扁。吻宽，钝圆。口下位，上颌突出于下颌。须 4 对，细小。尾柄细长，尾柄高等于或小于头长的 1/3。背鳍短，骨质硬刺前后缘均光滑。脂鳍低长，末端游离。臀鳍起点位于脂鳍起点垂直下方之前。胸鳍硬刺前缘光滑，后缘具锯齿 8 ~ 10 枚。尾鳍浅凹形，上、下叶末端圆钝。体褐色，腹部颜色略浅，通体无斑。

种群状况：种群数量少。

地理分布：分布于柳江、漓江和桂江。小型肉食性鱼类，生活于底层，在支流中上游，河流多砾石、沙河段。

珍稀程度：2020 年列入中国生物多样性红色名录易危 (VU) 级。

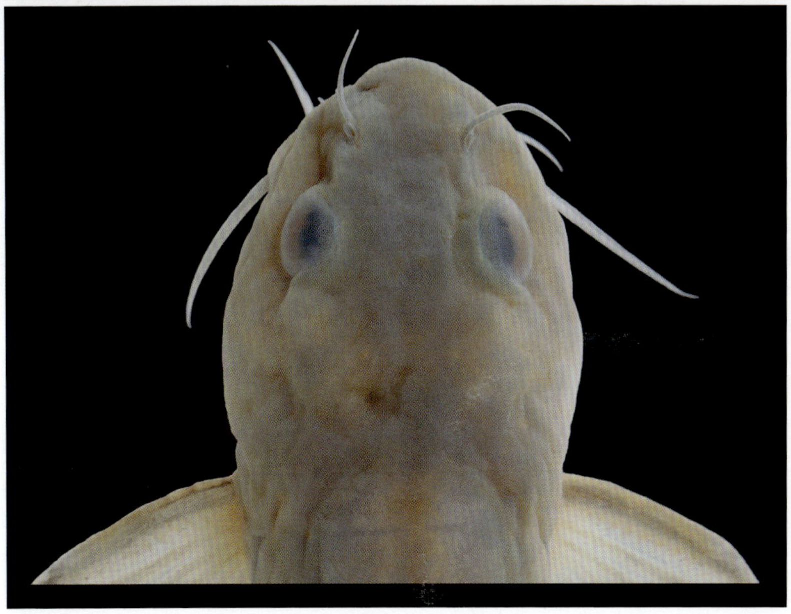

22. 长身鳜 *Coreosiniperca roulei* (Wu, 1930)

分类地位： 鲈形目 Perciformes 真鲈科 Percichthyidae 长身鳜属 *Coreosiniperca*。

鉴别特征： 体显著延长，前躯近圆筒形，后部略侧扁。下颌明显长于上颌。上颌前端及下颌两侧齿发达；犁骨齿带椭圆形。前鳃盖骨后缘有锯齿。侧线鳞 88～99 枚。背鳍 2 个，基部相连，第 1 背鳍全为鳍棘。胸鳍圆形，伸不达腹鳍后端。臀鳍起点约与第 2 背鳍鳍条基部起点相对。尾鳍圆形。体背为棕黑色，腹部灰白色。头背、体侧及背部具不规则的暗色斑点，沿体背部有 3～4 块鞍状斑。

种群状况： 种群数量少。

地理分布： 分布于桂江上游的漓江。为暖温带山溪鱼类，栖息于江河急流的岩洞或石缝中，善游，性较凶猛。以小鱼、小虾、水生昆虫等为食。

珍稀程度： 2020 年列入中国生物多样性红色名录近危 (NT) 级。

23. 漓江鳜 *Siniperca loona* Wu, 1939

分类地位： 鲈形目 Perciformes 真鲈科 Percichthyidae 鳜属 *Siniperca*。

鉴别特征： 体长圆形，侧扁。头大，吻钝圆。口端位，口裂稍斜。上、下颌等长或下颌稍长。上下颌骨、犁骨、腭骨均具绒毛状细齿，无犬齿。舌尖。前鳃盖骨后缘有强锯齿。间鳃盖骨和下鳃盖骨的下缘有少数细小锯齿。体被小圆鳞。背鳍 2 个，基部相连，起点与胸鳍起点相对。第 1 背鳍全为鳍棘，第 2 背鳍外缘圆凸。胸鳍圆形。尾鳍圆形或平截。幽门垂 4 ~ 10 枚。体背灰褐色，腹部灰白色。体侧有不规则黑色大斑块。尾鳍基部有黑色斑或垂直带，鳍暗黑色。

种群状况： 种群数量很少。

地理分布： 分布于漓江水系。喜生活于清澈的流水中，以小鱼、小虾为食。

珍稀程度： 2020 年列入中国生物多样性红色名录近危 (NT) 级。

24. 柳州鳜 *Siniperca liuzhouensis* Zhou, Kong & Zhu, 1987

分类地位： 鲈形目 Perciformes 真鲈科 Percichthyidae 鳜属 *Siniperca*。

鉴别特征： 体长圆形，侧扁。头长与体高几乎相等。口端位，口裂大。上颌骨末端游离，后缘延伸到眼下方。体被小圆鳞。侧线完全。背鳍 2 个，基部相连。第 1 背鳍全为 13 根鳍棘，第 2 背鳍末端近尾鳍基部。第 2 臀鳍棘长而粗壮。胸鳍圆形。尾鳍圆形。鳃耙 7 条。幽门垂 3 枚。体棕色，腹部略浅。眼后头侧有 2 条辐射状黑色斜纹带。体侧有不规则暗色斑纹。奇鳍有由黑色斑点组成的条纹。

种群状况： 种群数量很少。

地理分布： 分布于柳江及其支流的融江、龙江和洛清江。栖息于底质为沙砾或沙滩的水域中，以小鱼、虾为食。

珍稀程度： 2020 年列入中国生物多样性红色名录近危 (NT) 级。

25. 波纹鳜 *Siniperca undulate* Fang & Chong, 1932

分类地位：鲈形目 Perciformes 真鲈科 Percichthyidae 鳜属 *Siniperca*。

鉴别特征：体高，侧扁。头大，吻尖。口亚上位，口裂大，上颌骨后延伸达眼后缘下部。眼大。体被小圆鳞。侧线完全。第 1 背鳍为 13 根鳍棘，第 2 背鳍分枝鳍条为 10 ~ 12 根；胸鳍扇形；腹鳍稍后于胸鳍；尾鳍圆形。体背棕褐色。幽门垂 42 ~ 52 枚。体侧具 5 条左右纵向白色波纹状斑纹，背部及沿侧线具多个不规则黑色斑纹。各鳍浅黑色。

种群状况：稀有种类，种群数量很少。

地理分布：广泛分布于广西各江河。生活于水体中上层，以小鱼、虾为食的肉食性鱼类。

珍稀程度：2020 年列入中国生物多样性红色名录近危 (NT) 级。

26. 叉尾斗鱼 *Macropodus opercularis* (Linnaeus, 1758)

分类地位：鲈形目 Perciformes 斗鱼科 Belontiidae 斗鱼属 *Macropodus*。

鉴别特征：体侧扁。口端位。胸鳍较长，后端尖圆。腹鳍互相紧靠。尾鳍分叉，上、下叶外侧鳍条延长。体侧有 10 余条蓝褐色的横带纹。鳃盖后角有一暗绿色圆斑。

种群状况：有一定种群数量。

地理分布：西江各支流均有分布，喜栖息于静水河沟中。可作观赏鱼类饲养。

珍稀程度：2020 年列入中国生物多样性红色名录近危 (NT) 级。

第四篇　西江特有鱼类

1. 美丽中条鳅 *Traccatichthys pulcher* (Nichols & Pope, 1927)

分类地位： 鲤形目 Cypriniformes 条鳅科 Nemacheilidae 中条鳅属 *Traccatichthys*。

鉴别特征： 体侧扁，尾柄短。头稍平扁。前、后鼻孔紧相邻，前鼻孔在一短的管状突起中。口亚下位。唇厚，表面具乳突。上颌中部有一齿形突起，下颌匙状。身体被小鳞。侧线完全。生活时身体深橄榄绿色，各鳍粉红色。尾鳍基部有一深绿色斑点。.

种群状况： 种群数量较多的河流小型鱼类。

地理分布： 广西各地大小河流均有分布，为常见种类。喜栖息于缓流和静水的多水草区域。

珍稀程度： 西江特有鱼类。

2. 白点南鳅 *Schistura alboguttata* Cao & Zhang, 2018

分类地位：鲤形目 Cypriniformes 条鳅科 Nemacheilidae 南鳅属 *Schistura*。

鉴别特征：体延长，头部略平扁，后躯侧扁。口下位。唇薄，表面具浅皱。上颌中央有一齿形突起；下颌匙状，前缘有“V”形缺刻。须 3 对，外侧吻须最长。前、后鼻孔相连，前鼻孔呈膜瓣状，基部为管状。体侧及背部被细鳞，隐于皮下，胸腹部无鳞。侧线完全。背鳍起点位于腹鳍起点之前或相对，尾鳍凹入。体侧及前面散布圆形或竖长条状不规则的白色斑纹，背鳍基部有一黑斑，尾鳍基部具一黑色垂直条纹。

种群状况：模式产地数量较多，是当地小型经济鱼类之一。

地理分布：目前已知分布于广西百色市田林县乐里河。栖息于小河、山溪，石砾底、沙底环境的河段。

珍稀程度：西江特有鱼类。

3. 美丽华沙鳅 *Sinibotia pulchra* (Wu, 1939)

分类地位： 鲤形目 Cypriniformes 鳅科 Cobitidae 华沙鳅属 *Sinibotia*。

鉴别特征： 体延长，侧扁。尾柄长约等于尾柄高。头长大于体高。口下位，马蹄形。颏下有 1 对纽状突起。须 3 对。眼小，眼下刺分叉。侧线完全，平直。颊部无鳞。身体具 10 条左右不规则的深褐色横条纹。背鳍、臀鳍的基部及鳍间各具 1 条褐色条纹。

种群状况： 种群数量较少。

地理分布： 广西境内的红水河、柳江、桂江、左江、右江等河流均有分布。底层鱼类，多栖息于河床有沙子、砾石河段。

珍稀程度： 西江特有鱼类。

4. 蓝氏华沙鳅 *Sinibotia lani* Wu, Yang, 2019

分类地位： 鲤形目 Cypriniformes 鳅科 Cobitidae 华沙鳅属 *Sinibotia*。

鉴别特征： 体延长，侧扁。吻长小于眼后头长。口下位，马蹄形。颏下有 1 对纽状突起。须 3 对。眼小；眼下刺分叉，后伸超过眼后缘。侧线完全，平直。颊部无鳞。背鳍起点与腹鳍起点相对；腹鳍短，不达肛门；尾鳍分叉。身体具 6 条左右不规则的深褐色垂直条纹。背鳍、臀鳍的基部及鳍间各具 1 条褐色条纹。

种群状况： 种群数量少。

地理分布： 分布于广西左江的龙州、江州、扶绥等河段。底层鱼类，多栖息于河流沙滩处。

珍稀程度： 西江特有鱼类。

5. 短吻副沙鳅 *Parabotia brevirostris* Zhu & Zhu, 2012

分类地位：鲤形目 Cypriniformes 鳅科 Cobitidae 副沙鳅属 *Parabotia*。

鉴别特征：体短而侧扁，背部呈弧形。吻较短，稍短于眼后头长。眼大。具分叉的眼下刺。具 3 对短须。颏部无纽状突起。尾柄较高，尾柄高大于尾柄长。身体被有细鳞，颊部有鳞。侧线完全。背部和体侧具 14 ~ 15 条棕黑色垂直短条纹，条纹向下仅延伸至侧线上方；尾鳍基中央具一黑色斑点。

种群状况：种群数量少。

地理分布：分布于广西河池市都安县红水河段。生活于有岩石的河段。

珍稀程度：西江特有鱼类。

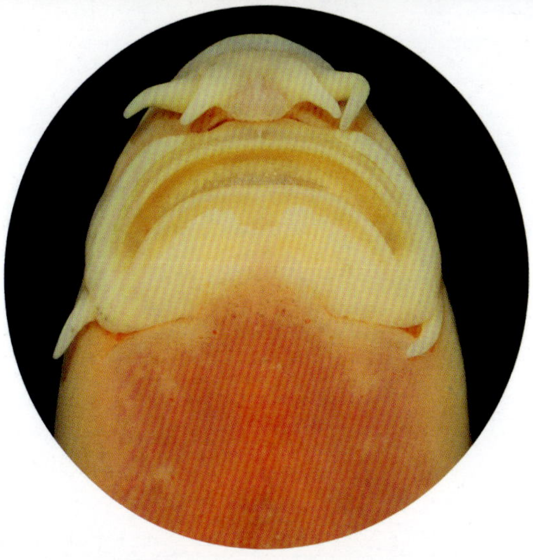

6. 漓江副沙鳅 *Parabotia lijiangensis* Chen, 1980

分类地位：鲤形目 Cypriniformes 鳅科 Cobitidae 副沙鳅属 *Parabotia*。

鉴别特征：体延长，侧扁。头长大于体高。吻钝，吻长等于或小于眼后头长。口下位。须 3 对。眼下刺分叉。侧线完全，平直。颊部有鳞。背鳍起点位于腹鳍起点之前；尾鳍分叉。体棕灰色，腹部浅黄色。背部和体侧具 11 条左右的棕黑色垂直带纹，且在腹鳍后延伸至腹部。尾鳍基中央具一明显黑斑。头背面的两眼间具黑色条纹。背鳍和尾鳍具 2 ~ 3 列由斑点组成的不规则斜行条纹。

种群状况：种群数量少。

地理分布：分布于广西桂林市的漓江及桂江下游，以及柳江水系。生活于砾石、沙滩河段。

珍稀程度：西江特有鱼类。

7. 后鳍薄鳅 *Leptobotia posterodorsalis* Lan & Chen, 1992

分类地位： 鲤形目 Cypriniformes 鳅科 Cobitidae 薄鳅属 *Leptobotia*。

鉴别特征： 体细长，侧扁。头短。吻长小于眼后头长。口小，下位。颏部无纽状突起。须短，3 对。眼小。眼下刺不分叉。侧线完全。体被稀疏细鳞，颊部鳞片不明显。各鳍短小。尾鳍短而宽，分叉。体棕黄色，腹部略白。体侧无条纹或斑点。背鳍鳍间具 1 条由斑点组成的条纹，尾鳍具 1 条黑色宽带纹，尾鳍基具 1 条不甚明显的垂直黑带纹。

种群状况： 种群数量少，个体小。

地理分布： 分布于广西河池市环江县、来宾市金秀县境内的柳江水系支流。栖息于小河沙砾底河滩。

珍稀程度： 西江特有鱼类。

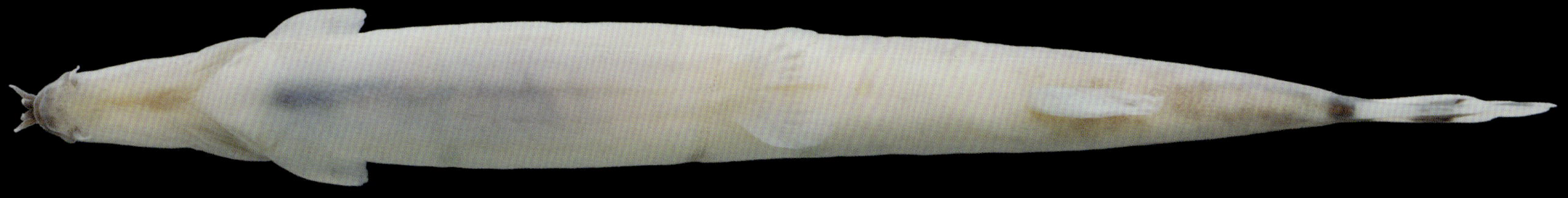

1 cm

8. 大斑薄鳅 *Leptobotia pellegrini* Fang, 1936

分类地位： 鲤形目 Cypriniformes 鳅科 Cobitidae 薄鳅属 *Leptobotia*。

鉴别特征： 体长，侧扁。吻长小于眼后头长。口下位。须3对。眼中等大，眼下刺不分叉。侧线完全，平直。颊部有鳞。尾鳍分叉。身体基色淡黄色，腹部略白。背部具6～9个马鞍形黑色垂直条纹，延伸至体侧下部。背鳍基部具黑色条纹，鳍间有1条由黑色斑点组成的斜行条纹；尾叶有1～2条黑色斜行带纹。

种群状况： 种群数量少，个体大。

地理分布： 广西境内的红水河、柳江、桂江、右江均有分布。栖息于岩石底河段。

珍稀程度： 西江特有鱼类。

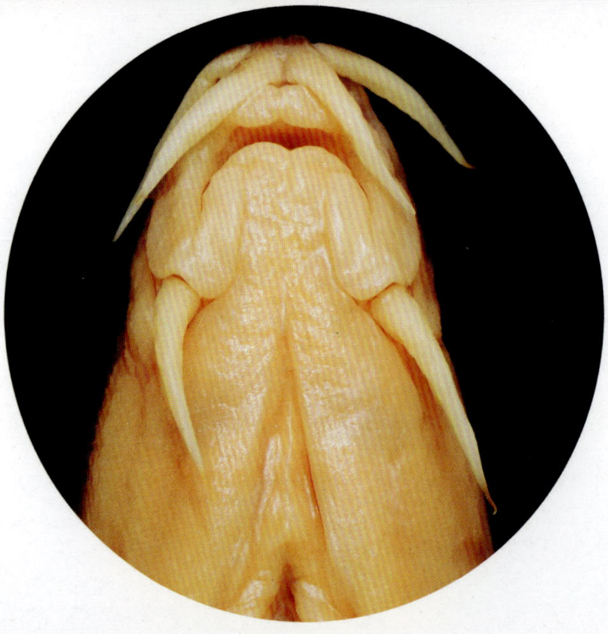

9. 桂林薄鳅 *Leptobotia guilinensis* Chen, 1980

分类地位： 鲤形目 Cypriniformes 鳅科 Cobitidae 薄鳅属 *Leptobotia*。

鉴别特征： 颏下无 1 对纽状突起。3 对须短小。眼下刺不分叉。身体背部棕黑色，腹部棕黄色。体具 15 ~ 18 条不规则垂直狭黑条纹，其宽度约为间隔条纹之半，这些条纹仅延伸至侧线上部，靠近尾柄的垂直纹或为马鞍形斑点所代替。头部无任何条纹。尾鳍基具 1 条不甚明显的“3”形垂直黑条纹。背鳍具 1 条由黑色斑点组成的条纹，尾鳍具 1 ~ 3 条不规则斜行黑带纹。偶鳍背面暗色。

种群状况： 有一定的种群数量，个体小，无食用价值。

地理分布： 目前已知仅分布于桂江水系的漓江、荔浦河、恭城河，以及柳江水系的融江。栖息于沙砾、石底河段。

珍稀程度： 西江特有鱼类。

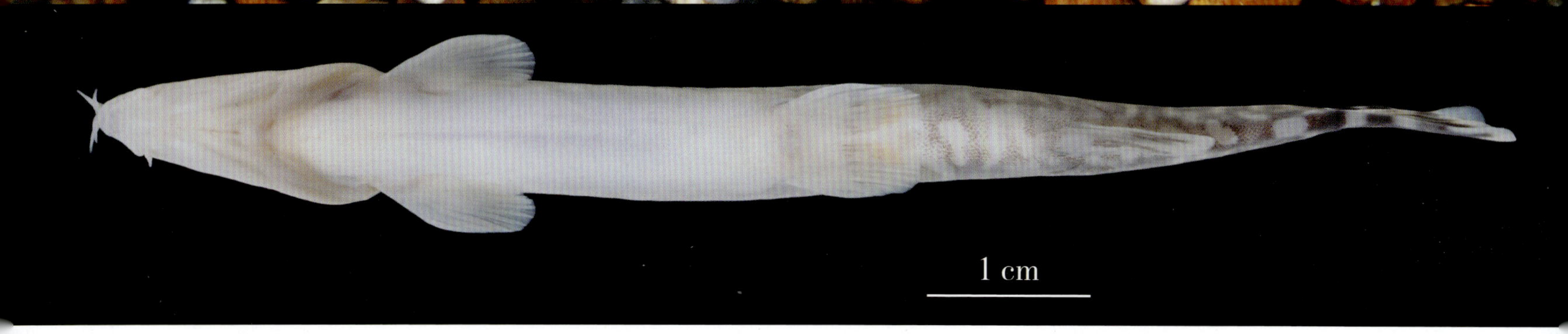

10. 斑点薄鳅 *Leptobotia punctatus* Li, Li & Chen, 2008

分类地位： 鲤形目 Cypriniformes 鳅科 Cobitidae 薄鳅属 *Leptobotia*。

鉴别特征： 体细长，侧扁。头小。吻长小于眼后头长。口小，下位。颏部无纽状突起。须短小，3 对。眼下刺不分叉。颊部具鳞。背鳍起点位于腹鳍起点之后，腹鳍不达肛门，尾鳍深分叉。体侧具无垂直条纹，体侧及背部具白色斑点，尾鳍具 3 ~ 4 条不规则的斜行黑色带纹。

种群状况： 种群数量少，个体小。

地理分布： 分布于柳江及其支流。喜栖息于沙砾、石底河段。

珍稀程度： 西江特有鱼类。

11. 斑纹薄鳅 *Leptobotia zebra* (Wu, 1939)

分类地位： 鲤形目 Cypriniformes 鳅科 Cobitidae 薄鳅属 *Leptobotia*。

鉴别特征： 体细长，侧扁。头小。吻长小于眼后头长。口小，下位。颏部具 1 对纽状突起。须短小，3 对。眼小，侧上位；眼下刺不分叉。侧线完全，平直。颊部具鳞。尾鳍短而宽，深分叉。身体棕黑色，腹部浅黄色。背中线具 1 条棕黄色条纹或具 1 列不规则的棕黄色斑点。背鳍基前缘具一马蹄形黄色斑纹。体侧具有 14 ~ 16 条不规则的分枝或不分枝的褐色垂直条纹。头侧自鳃孔上角通过眼上缘至吻端各有 1 条明显的棕黄色条纹。颊部具 5 条不规则斜行条纹。背鳍基具 1 条棕黑色带纹，鳍间具 1 条黑色条纹；尾鳍具 2 ~ 3 条不规则的斜行黑色带纹。

种群状况： 有一定种群数量，但个体较小。

地理分布： 分布于柳江支流的大环江、小环江、金秀县大瑶山和桂江水系的漓江、恭城河、荔浦河等支流。喜栖息于沙砾、石底河段。

珍稀程度： 西江特有鱼类。

12. 武鸣鳅 *Cobitis wumingensis* Chen, Sui, He & Chen, 2015

分类地位： 鲤形目 Cypriniformes 鳅科 Cobitidae 鳅属 *Cobitis*。

鉴别特征： 体修长，侧扁。眼较小。眼下刺分叉。口下位。颏叶发达，自下唇中间分为两片，后缘略圆钝。须 3 对，口角须短于眼径。侧线不完全，仅至胸鳍上方。体被细鳞，颊部无鳞；鳞近圆形，每片鳞具 20 ~ 24 条辐射沟。背鳍位于腹鳍起点之前，尾鳍平截或略凸。雄性胸鳍基部具指状骨质突。身体 5 条噶氏斑纹明显；第 2 条斑纹为两行不规则的斑纹形成的带斑；第 5 条斑纹在雌性沿体侧中线形成一深褐色纵纹，雄性在纵纹上有 13 ~ 14 个块状斑；尾鳍基上侧具一明显黑斑。

种群状况： 种群数量少。

地理分布： 分布于广西南宁市武鸣区武鸣河，属右江水系，以及上林县境内河流。喜生活在石和沙底的河流。

珍稀程度： 西江特有鱼类。

雄

13. 修长鳅 *Cobitis leptosoma* Chen, Sui, He & Chen, 2015

分类地位： 鲤形目 Cypriniformes 鳅科 Cobitidae 鳅属 *Cobitis*。

鉴别特征： 体修长，侧扁。眼较小，眼下刺分叉。口下位。颏叶不发达，自下唇中间分为两片，后缘略圆钝。须 3 对，口角须短于眼径。侧线不完全，仅至胸鳍上方。体被细鳞，颊部无鳞；鳞近圆形，中央区圆形，每片鳞具 19 ~ 25 条辐射沟。背鳍位于腹鳍起点之前，尾鳍平截或略凹。雄性胸鳍基部具指状骨质突。身体只有 4 条噶氏斑纹，第 2 条斑纹缺失；体侧中线的第 5 条斑纹由 10 ~ 12 个卵圆斑组成；尾鳍基上侧具一明显黑色斑。

种群状况： 种群数量少。

地理分布： 分布于广西桂林市灵川县境内的漓江。喜生活在石和沙底的河流。

珍稀程度： 西江特有鱼类。

雌

雄

14. 异斑鳅 *Cobitis heteromacula* Chen, Sui, Liang & Chen, 2016

分类地位：鲤形目 Cypriniformes 鳅科 Cobitidae 鳅属 *Cobitis*。

鉴别特征：体修长，侧扁。吻圆钝。眼较小，眼下刺分叉。口下位。颏叶不发达，自下唇中间分为两片，后缘尖。须 3 对，外侧吻须最长。体被细鳞，颊部无鳞；鳞近圆形，中央区圆形，每片鳞具 19 ~ 25 条辐射沟。背鳍位于腹鳍起点之前，尾鳍平截或略凹。雄性胸鳍基部具针状骨质突。身体只有 3 条噶氏斑纹，第 2 条和第 3 条斑纹缺失；体侧中线的第 5 条斑纹由 13 ~ 16 个卵圆形或长方形的斑块组成；吻端至眼前缘具 1 条黑色条纹。尾鳍基上侧具一明显黑斑，尾鳍具 5 ~ 6 列细斑组成的纵纹。

种群状况：种群数量较多，是小型经济鱼类。

地理分布：分布于金秀县大瑶山。栖息于山区溪流，喜欢底质石砾和沙底环境。

珍稀程度：西江特有鱼类。

雌

雄

15. 徐氏鳅 *Cobitis xui* Tan, Li, Wu & Yang, 2019

分类地位： 鲤形目 Cypriniformes 鳅科 Cobitidae 鳅属 *Cobitis*。

鉴别特征： 体细长，侧扁。吻圆钝。眼较小，眼下刺分叉。口下位。颏叶不发达，自下唇中间分为两片，每片具3个缺刻，其后缘尖。须3对，外侧吻须最长，其长度大于眼径。体被细鳞，颊部无鳞；鳞近圆形。背鳍位于腹鳍起点之前，尾鳍平截或略凸。雄性胸鳍基部具匕首状骨质突。身体具5条噶氏斑纹；第1条斑纹为体背面9～12个横斑组成；体侧中线的第5条斑纹由8～11个横向长方形的斑块组成；吻端至眼前缘具1条黑色条纹。尾鳍基上侧具一明显黑斑，尾鳍具4～5列细斑组成的纵纹。

种群状况： 有一定的种群数量。

地理分布： 模式种采集于右江水系的广西南宁市隆安县境内，左江水系崇左市大新县也有分布。生活于砾石底、砂岩底河段，水流较急处。

珍稀程度： 西江特有鱼类。

雌

雄

16. 瑶山细鲫 *Aphyocypris arcus* (Lin, 1931)

分类地位： 鲤形目 Cypriniformes 鲤科 Cyprinidae 细鲫属 *Aphyocypris*。

鉴别特征： 体延长，侧扁，腹稍圆。腹鳍之后有不完全腹棱。头小。口端位。无须。眼大。侧线完全，前段向下弯曲。背鳍无硬刺，尾鳍叉形。下咽齿 3 行。臀鳍分枝鳍条 7 ~ 8 根。侧线鳞 36 ~ 39 枚。生活时背部和侧线以上体侧暗灰色，侧线以下体侧及腹部银白色；体侧沿中轴线具一枚鳞片宽的浅黑色条纹。

种群状况： 种群数量较多，但个体小。

地理分布： 广西内陆河流，柳江、桂江、红水河、左江、右江等各支流山区均有分布。生活于山涧溪流、小河沟中。

珍稀程度： 西江特有鱼类。

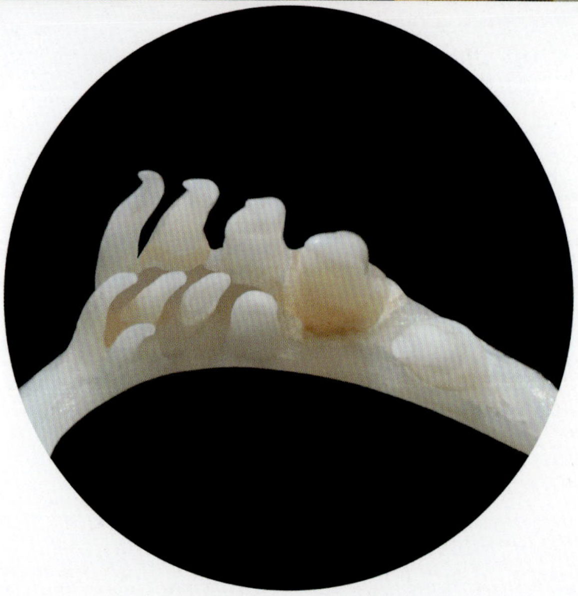

17. 丽纹细鲫 *Aphyocypris pulchrilineata* Zhu, Zhao & Huang, 2013

分类地位： 鲤形目 Cypriniformes 鲤科 Cyprinidae 细鲫属 *Aphyocypris*。

鉴别特征： 体延长，侧扁，腹部圆。口端位，口裂小。眼大。腹部从腹鳍基至肛门具腹棱。背鳍无硬刺，其起点位于腹鳍起点之后，分枝鳍条 7 根；臀鳍不延长，分枝鳍条 7 根；尾鳍分叉。体被小圆鳞，无侧线。体背棕褐色。体侧中部具 1 条浅黑色纵纹自吻端延伸至尾鳍基，黑色纵纹上方具 1 条金色纵带自眼后缘延伸至尾鳍基。沿臀鳍基部体侧具一黑色纵带。各鳍透明，略呈金黄色。

种群状况： 种群数量多，但个体很小。

地理分布： 分布于广西河池市都安县澄江的各小支流及地下水出口处，属红水河水系；百色平果市果化镇一处小龙潭，属右江水系。生活于杂草丛生的小水潭，尤其是有地下水出口的龙潭。

珍稀程度： 西江特有鱼类。

18. 小梅氏鳊 *Metzia parva* Luo, Sullivan, Zhao & Peng, 2015

分类地位： 鲤形目 Cypriniformes 鲤科 Cyprinidae 梅氏鳊属 *Metzia*。

鉴别特征： 体细长，侧扁。腹棱自腹鳍基至肛门。头短，吻钝。口亚上位，口裂斜。鳞中等大，侧线鳞 42 ~ 47 枚。背鳍无硬刺，背鳍分枝鳍条 7 根；胸鳍分枝鳍条 10 根；腹鳍分枝鳍条 6 根；臀鳍分枝鳍条 12 ~ 14 根；尾鳍叉形。第一鳃弓外侧鳃耙 14 ~ 16 条。下咽齿 3 行，2・3・5–5・3・2。体银白色，背部灰色，体侧沿中轴线有 1 条由黑色斑点组成的纵纹。

种群状况： 模式产地数量多，但个体较小。

地理分布： 分布于红水河支流的澄江。生活于水体中上层。

珍稀程度： 西江特有鱼类。

19. 长鼻梅氏鳊 *Metzia longinasus* Gan, Lan & Zhang, 2009

分类地位： 鲤形目 Cypriniformes 鲤科 Cyprinidae 梅氏鳊属 *Metzia*。

鉴别特征： 体侧扁。口上位。腹棱自腹鳍基至肛门。无须。鳞中等大小，侧线鳞 43～44 枚。背鳍无硬刺，背鳍分枝鳍条 7 根；臀鳍分枝鳍条为 10～11 根；尾鳍深分叉。下咽齿 3 行。体银白色，背部灰色。

种群状况： 种群数量多，但分布窄。

地理分布： 仅分布于红水河流域澄江支流的部分洞穴出口水域。

珍稀程度： 西江特有鱼类。

20. 花棘䱻 *Hemibarbus umbrifer* (Lin, 1931)

分类地位： 鲤形目 Cypriniformes 鲤科 Cyprinidae 䱻属 *Hemibarbus*。

鉴别特征： 体长，腹部圆，后躯侧扁。吻钝圆，吻长等于或稍大于眼后头长。口下位。唇稍薄，唇后沟中断。须 1 对，须长小于眼径。眼大。背鳍刺纤细且短小，分枝鳍条 7 根；臀鳍分枝鳍条 6 根。鳞片中等大。侧线完全，平直；侧线鳞 43 ~ 44 枚。生活时体背青灰色，腹部略白。侧线上方具 7 ~ 10 个纵列圆黑斑，体侧上部鳞片具黑斑；背鳍、尾鳍具许多小黑点。

种群状况： 种群数量少。

地理分布： 分布于左江、右江上游的支流。文献记载在广西桂林、象州、金秀大瑶山有分布。多生活于支流的小河，底层鱼类，杂食性。

珍稀程度： 西江特有鱼类。

21. 大刺䱻 *Hemibarbus macracanthus* Lu, Luo & Chen, 1977

分类地位： 鲤形目 Cypriniformes 鲤科 Cyprinidae 䱻属 *Hemibarbus*。

鉴别特征： 体延长，腹部圆，后躯侧扁。吻钝圆。口下位。唇稍薄，唇后沟中断。须 1 对，须长略大于眼径。眼大。背鳍具粗长的光滑硬刺，其长度远大于头长，分枝鳍条 7 根；臀鳍分枝鳍条 6 根；尾鳍叉形。鳞中等大。侧线完全，平直，侧线鳞 47 ~ 49 枚。生活时体背青灰色，腹部略白。侧线上方具 7 ~ 10 个纵列圆黑斑，圆斑直径小于眼径。

种群状况： 分布地小河流有一定数量，是当地小型经济鱼类之一。

地理分布： 分布于广西西江干流中下游。生活于水体下层，杂食性。

珍稀程度： 西江特有鱼类。

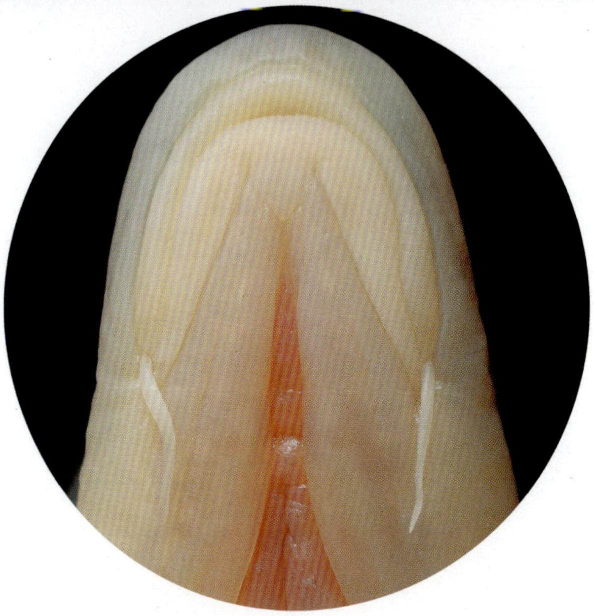

22. 桂林似鮈 *Pseudogobio guilinensis* Yao & Yang, 1977

分类地位：鲤形目 Cypriniformes 鲤科 Cyprinidae 似鮈属 *Pseudogobio*。

鉴别特征：体呈棍棒形，略侧扁。尾柄长为尾柄高的 2 倍以上。侧线鳞 43 ~ 44 枚。鼻孔前缘间隔处略凹。口下位。唇发达，具乳突；下唇厚，分 3 叶；唇后沟连续。口角须 1 对。背鳍无硬刺。胸鳍可伸达腹鳍起点。尾鳍叉形。侧线以上体侧散布许多小斑，体侧中轴有 5 ~ 6 个不规则、直径约为眼径 2 倍的黑斑。

种群状况：有一定种群数量，是柳江、桂江主要经济鱼类之一。

地理分布：分布于柳江、桂江干流及各支流。栖息于河滩，尤其是石砾、沙底河段。

珍稀程度：西江特有鱼类。

23. 桂林鳅鮀 *Gobiobotia guilinensis* Chen, 1989

分类地位： 鲤形目 Cypriniformes 鲤科 Cyprinidae 鳅鮀属 *Gobiobotia*。

鉴别特征： 体延长，前部近圆筒形，尾柄侧扁。体长为体高的 4.7 ~ 5.4 倍。头略平扁。口下位。须 4 对，后伸不达胸鳍起点。眼较大，侧上位。背鳍起点位于腹鳍起点之前；胸鳍末端接近腹鳍起点；臀鳍外缘凹入；尾鳍分叉，末端尖，下叶稍长于上叶。侧线鳞 38 ~ 41 枚。体侧及各鳍具众多小黑色斑，横跨体背中线有 7 ~ 8 个棕黑色斑块。背鳍、尾鳍有不显著的黑色条纹。

种群状况： 种群数量少。

地理分布： 分布于柳江、桂江各支流。生活于浅水的河滩处。

珍稀程度： 西江特有鱼类。

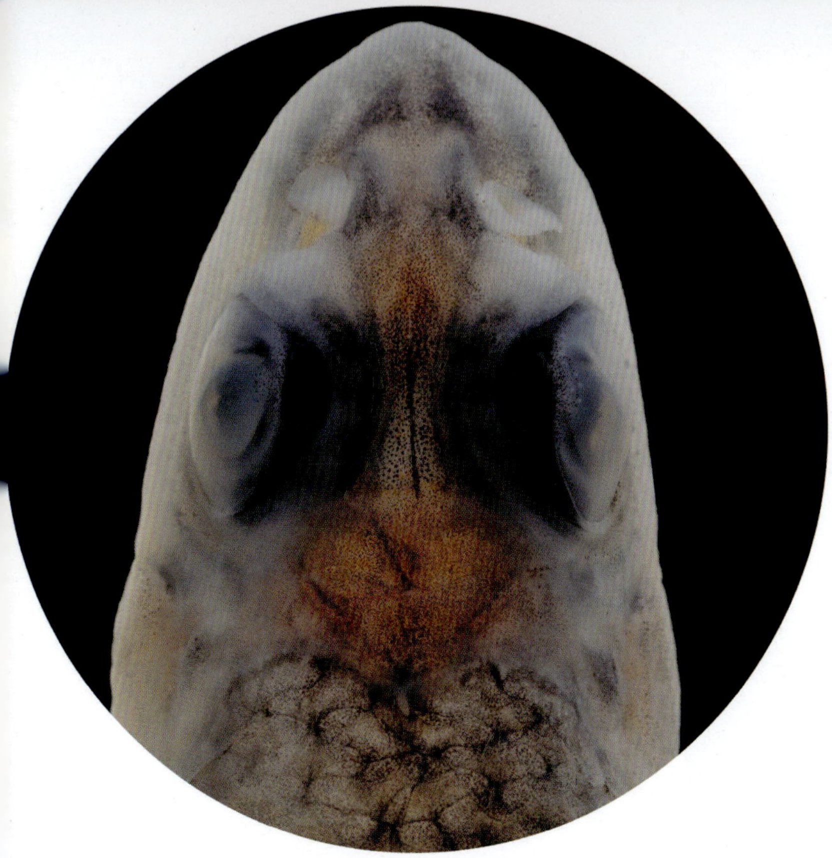

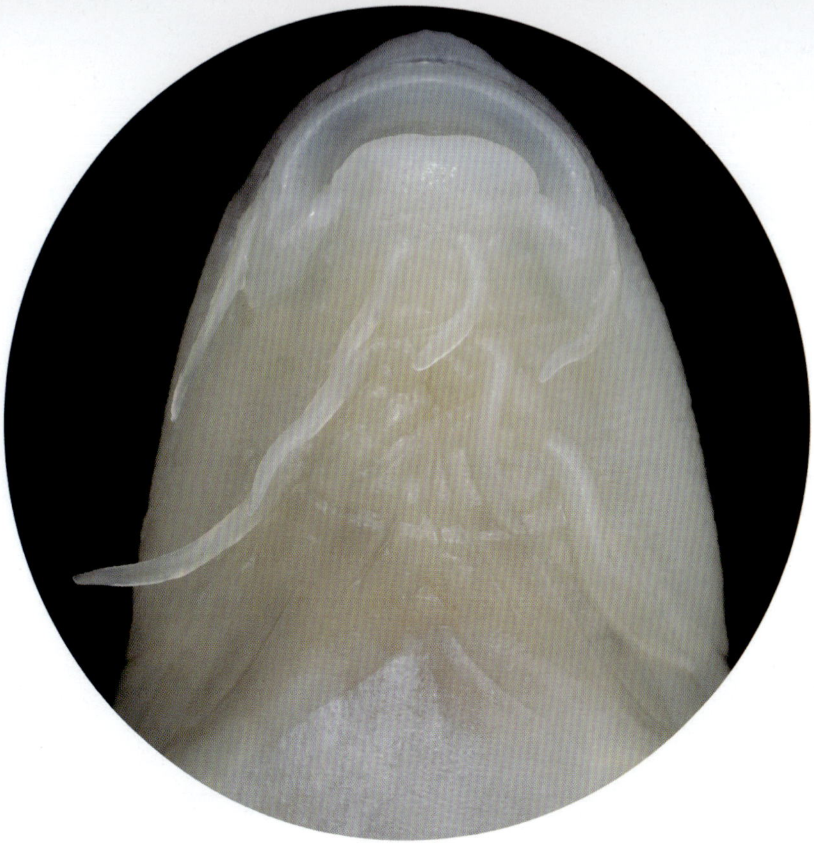

24. 广西鱊 *Acheilognathus meridianus* (Wu, 1939)

分类地位：鲤形目 Cypriniformes 鲤科 Cyprinidae 鱊属 *Acheilognathus*。

鉴别特征：体延长，侧扁。头小，锥形。吻钝。口亚下位。口角须 1 对，长度约为眼径的 1/2。侧线完全。背鳍、臀鳍末根不分枝鳍条较细。腹鳍起点与背鳍起点相对或略前。胸鳍短，末端不达腹鳍起点。尾鳍深分叉。体浅灰色，下部浅红色。背鳍各分枝鳍条具 2～3 个黑点，形成 3 条浅灰色条纹；尾柄中央向前沿侧线上部具一浅蓝色条纹。

种群状况：种群数量少。

地理分布：在广西分布于柳江、桂江水系的支流。

珍稀程度：西江特有鱼类。

雄

雌

25. 侧条光唇鱼 *Acrossocheilus parallens* (Nichols, 1931)

分类地位： 鲤形目 Cypriniformes 鲤科 Cyprinidae 光唇鱼属 *Acrossocheilus*。

鉴别特征： 体延长，侧扁。口下位。下唇肥厚，分左右两瓣，中央仅有一裂缝；下颌前端呈弧形，稍露出唇外。须 2 对，口角须大于眼径。鳞片中等大，侧线鳞 36～38 枚。背鳍末端不分枝鳍条不变粗，后缘有细锯齿，末端柔软分节。体侧具 6 条向下终止于侧线的垂直黑色条纹，每条占 2～3 列鳞片；雄体沿侧线有 1 条黑色纵带。

种群状况： 数量多，为山区小型经济鱼类。

地理分布： 红水河、柳江、桂江各支流均有分布。生活于山涧溪流，杂食性。

珍稀程度： 西江特有鱼类。

26. 带半刺光唇鱼 *Acrossocheilus hemispinus cinctus* (Lin, 1931)

分类地位： 鲤形目 Cypriniformes 鲤科 Cyprinidae 光唇鱼属 *Acrossocheilus*。

鉴别特征： 体长，侧扁。口下位。下唇侧瓣发达，两侧瓣相互接近，间隙狭窄。唇后沟中断。须 2 对。鳞片中等大，侧线鳞 39 ~ 41 枚。背鳍末根不分枝鳍条较粗，后缘具锯齿。体浅黄色，体侧具 5 ~ 6 条垂直条纹；体侧沿侧线有 1 条明显的黑色纵带。

种群状况： 数量多，为小型经济鱼类。

地理分布： 分布于柳江、桂江及其支流。生活于水体中层，杂食性鱼类。

珍稀程度： 西江特有鱼类。

27. 直口鲮 *Rectoris posehensis* Lin, 1935

分类地位： 鲤形目 Cypriniformes 鲤科 Cyprinidae 直口鲮属 *Rectoris*。

鉴别特征： 体长，前躯近圆筒形，尾柄细长、侧扁。头小。吻长，吻皮向腹面包围，盖住上颌，边缘半月形区域散布细小乳突，边缘具浅裂。吻皮在口角处与下唇相连。上唇消失。上颌在口角处以系带与下唇相连。下颌与下唇分离，下颌平直，具角质鞘。口下位。唇后沟仅限于口角。须 2 对。鳞片中等大，侧线鳞 42 ~ 45 枚。背鳍无硬刺。腹鳍起点在背鳍起点之后。尾鳍深叉形。体银白色，背部灰黑色；鳃孔上角至尾鳍基部沿侧线有 1 条黑色纵带。

种群状况： 数量多，是广西江河经济鱼类之一。

地理分布： 红水河、柳江、桂江、左江、右江、郁江均有分布。底层鱼类，刮取岩石上的固着藻类为食。

珍稀程度： 西江特有鱼类。

28. 长须直口鲮 *Rectoris longibarbus* Zhu, Zhang & Lan, 2012

分类地位：鲤形目 Cypriniformes 鲤科 Cyprinidae 直口鲮属 *Rectoris*。

鉴别特征：体长，前躯近圆筒形，尾柄细长、侧扁。头小。吻长，吻皮向腹面包围，盖住上颌，边缘半月形区域散布细小乳突，边缘具浅裂。吻皮在口角处与下唇相连。上唇消失。上颌在口角处以系带与下唇相连。下唇中央后部具一小乳突状肉垫。下颌与下唇分离，下颌平直，具角质鞘。口下位。唇后沟仅限于口角。须 2 对，吻须长大于眼径。鳞片中等大，侧线鳞 42 ~ 45 枚。背鳍无硬刺。腹鳍起点在背鳍起点之后。尾鳍深叉形。鳔后室呈哑铃形，与鳔前室长度相当。体银白色，背部灰黑色；鳃孔上角至尾鳍基部沿侧线有 1 条黑色纵带。

种群状况：模式产地常见种。

地理分布：分布于广西靖西市境内的左江流域支流。底层鱼类，刮取岩石上的固着藻类为食。

珍稀程度：西江特有鱼类。

29. 巴马拟缨鱼 *Pseudocrossocheilus bamaensis* (Fang, 1981)

分类地位： 鲤形目 Cypriniformes 鲤科 Cyprinidae 拟缨鱼属 *Pseudocrossocheilus*。

鉴别特征： 体长，近圆筒形。腹部圆。头小，吻圆钝。口下位。吻皮覆盖上颌，边缘呈穗状，穗上有肉质乳突。上唇消失。吻皮在口角处与下唇相连。下唇与下颌分离，下唇前端具乳突。上、下颌均具角质薄锋，在口角处有系带相连。须 2 对。背鳍无硬刺，起点在腹鳍之前。尾柄长，体长为尾柄长的 4.8 ~ 5.3 倍。体灰黑色；体侧有不规则黑色斑点，胸鳍上方近侧线处有一明显的黑色斑。

种群状况： 数量多，是产地经济鱼类之一。

地理分布： 广西目前仅见分布于红水河、柳江及其支流、洞穴。底层鱼类，刮取着生于岩石上的藻类为食。

珍稀程度： 西江特有鱼类。

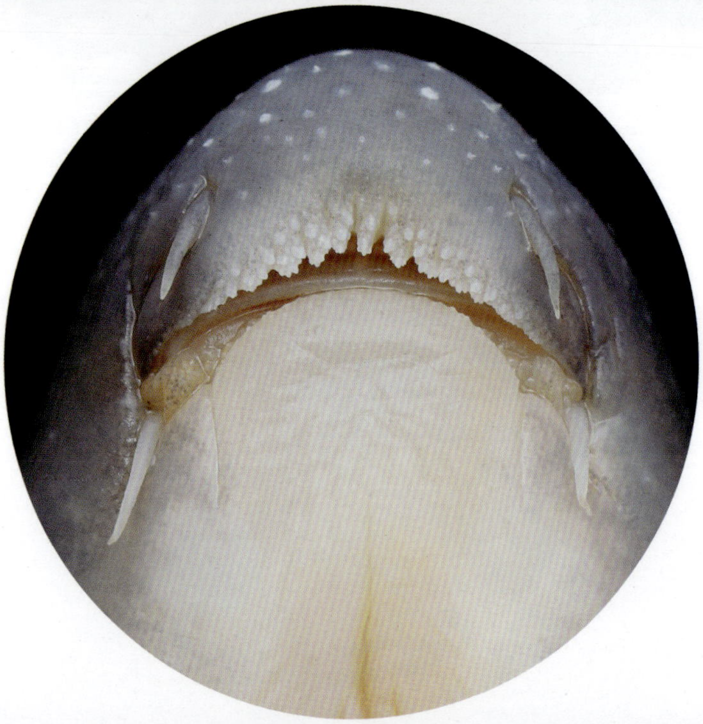

30. 柳城拟缨鱼 *Pseudocrossocheilus liuchengensis* (Liang, Liu & Wu, 1987)

分类地位： 鲤形目 Cypriniformes 鲤科 Cyprinidae 拟缨鱼属 *Pseudocrossocheilus*。

鉴别特征： 体长，近圆筒形。腹部圆。头小，吻圆钝。口下位。吻皮覆盖上颌，边缘呈穗状，穗上有肉质乳突。上唇消失。吻皮在口角处与下唇相连。下唇与下颌分离，下唇前端具乳突。上、下颌均具角质薄锋，在口角处有系带相连。须 2 对。背鳍无硬刺，起点在腹鳍之前。尾柄短，体长为尾柄长的 5.9 ~ 6.6 倍。体灰黑色；体侧和体背部有不规则斑点，体侧沿侧线上方有约 10 个黑色圆斑组成的纵行条纹；鳃盖处有一明显的黑色斑。

种群状况： 产地常见种。

地理分布： 分布于红水河、柳江支流洞穴出口处。栖息于洞穴出口处，刮取岩石上的固着藻类为食。

珍稀程度： 西江特有鱼类。

31. 长鳍异华鲮 *Parasinilabeo longiventralis* Huang, Chen & Yang, 2007

分类地位： 鲤形目 Cypriniformes 鲤科 Cyprinidae 异华鲮属 *Parasinilabeo*。

鉴别特征： 体近圆筒形。吻圆钝。吻皮肥厚，向腹面伸展，覆盖上颌，边缘有直行排列的角质突起。口下位。上唇消失。下唇与下颌分离，下唇具乳突。上、下颌具角质前缘。唇后沟仅限于口角。须 2 对。口角须长为吻须长的 78.3% ~ 90.4%。鳞片中等大。侧线平直。腹鳍长度为腹鳍起点至臀鳍起点间距的 83.7% ~ 89.4%。尾鳍叉形。体灰黑色，腹部乳白色；在侧线鳞及上方有一宽的褐色纵条纹；体上有不规则的斑点。

种群状况： 种群数量少。

地理分布： 分布于广西富川县境内的小溪流，属贺江水系。生活于小溪流的流水环境。

珍稀程度： 西江特有鱼类。

32. 长须异华鲮 *Parasinilabeo longibarbus* Zhu, Lan & Zhang, 2006

分类地位：鲤形目 Cypriniformes 鲤科 Cyprinidae 异华鲮属 *Parasinilabeo*。

鉴别特征：体细长。体长为体高的 5.3 ~ 6.8 倍。吻圆钝。吻皮肥厚，向腹面伸展，覆盖上颌，边缘有直行排列的角质突起。口下位。上唇消失。下唇与下颌分离，下唇具乳突。上、下颌具角质前缘。唇后沟仅限于口角。须 2 对，发达；口角须略长于吻须；吻须末端达眼后缘垂线下方；口角须末端超过主鳃盖骨前缘。鳞片中等大。侧线平直。背鳍无硬刺。尾鳍叉形。体灰黑色，腹部略白；体侧沿侧线上方有 1 条明显褐色纵条纹。

种群状况：种群数量少。

地理分布：分布于广西富川县境内的洞穴。穴居性，属非典型洞穴鱼类。

珍稀程度：西江特有鱼类。

33. 长沟宽唇鱼 *Prolixicheilus longisulcus* (Zheng, Chen & Yang, 2010)

分类地位： 鲤形目 Cypriniformes 鲤科 Cyprinidae 宽唇鱼属 *Prolixicheilus*。

鉴别特征： 体前部近圆筒形，后部侧扁。头高大于头宽。吻圆钝，向前突出；吻皮下包，在上颌之前形成口前室，在口角处与下唇相连；吻皮表面有排列整齐的小乳突。下唇发达，后缘游离；唇后沟向前延长，达到下唇中间叶后部。须 2 对，吻须长约与眼径相等。鳞片中等大，胸鳍之前的胸腹部鳞片隐于皮下。侧线鳞 40 ~ 42 枚。体淡黄色，腹部略白；体侧沿侧线具一黑色条纹；鳃盖具一黑色斑块。

种群状况： 有一定的种群数量。

地理分布： 分布于广西百色靖西市、那坡县、德保县等的左江、右江上游支流。底层鱼类，栖息于地下河出口处及附近的小河，以岩石上的固着藻类为食。

珍稀程度： 西江特有鱼类。

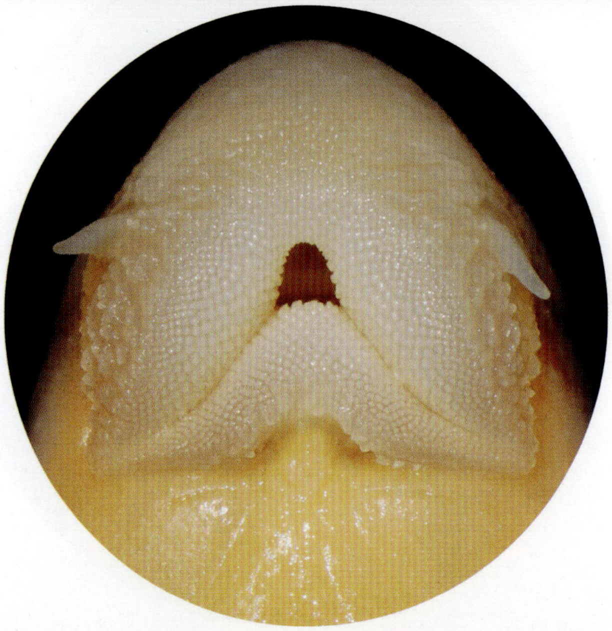

34. 狭吻鱼 *Stenorynchoacrum xijiangensis* Huang, Yang & Chen, 2014

分类地位：鲤形目 Cypriniformes 鲤科 Cyprinidae 狭吻鱼属 *Stenorynchoacrum*。

鉴别特征：体侧扁。口下位。吻皮盖住上颌，中部不发达，两端扩大往外翻，与下唇在口角处相连。唇后沟较长，向前延伸使下唇两端游离。唇后沟末端有不明显颏沟往后延伸，下唇中部隆起，隆起最高点在唇后沟末端，往后形成一圆形吸盘。须 2 对。背鳍末根不分枝鳍条光滑柔软，起点位于腹鳍起点的垂直上方。体背部与体侧青灰色，腹部颜色较淡；各鳍透明。

种群状况：种群数量少。

地理分布：分布于桂江上游，桂林市郊的地下水出口处。栖息于地下水出口处，喜集群，以岩石上的固着藻类为食。

珍稀程度：西江特有鱼类。

35. 大眼卷口鱼 *Ptychidio macrops* Fang, 1981

分类地位：鲤形目 Cypriniformes 鲤科 Cyprinidae 卷口鱼属 *Ptychidio*。

鉴别特征：体长形，前部略呈圆筒形。头小。吻圆钝。吻皮向腹面扩展而盖于上颌，边缘分裂成灌丛状流苏，吻皮仅限于吻须之间。口下位，上唇消失。下颌与下唇分离，下颌边缘具角质；下唇光滑。唇后沟仅限于口角；下唇两边各有颌沟 1 条，向后延伸。眼大，头长为眼径的 4 倍以下。须 2 对，约等长，小于眼径。背鳍无硬刺，外缘凹入；胸鳍后伸不达背鳍起点下方；腹鳍起点位于背鳍起点之后，后伸可达臀鳍起点；尾鳍叉形。活体体色略呈青灰色，尾鳍基部具一椭圆状黑色斑。

种群状况：有一定数量，是产地经济鱼类之一。

地理分布：分布于柳江、右江、左江。底层鱼类，以河底蚬、螺类为主要饵料。

珍稀程度：西江特有鱼类。

36. 都安蓝鲮 *Lanlabeo duanensis* Yao, He & Peng, 2018

分类地位： 鲤形目 Cypriniformes 鲤科 Cyprinidae 蓝鲮属 *Lanlabeo*。

鉴别特征： 体长形，前部略呈圆筒形，尾部侧扁。头小。吻圆钝。吻皮向腹面扩展而盖于上颌，表面具乳突，边缘分裂成流苏状；吻皮向两边延伸至口角处与下唇侧叶相连。口下位，上唇消失。上颌与下唇以系带相连。下颌与下唇分离，下颌边缘具角质；下唇分三叶，表面具乳突，中间叶较宽，左右侧叶仅限于口角与吻皮相连。唇后沟仅限于口角，略向后延伸。须 2 对，约等长，略小于眼径。背鳍无硬刺，外缘深凹；胸鳍后伸超过背鳍起点下方；腹鳍起点位于背鳍起点之后，后伸超过臀鳍起点；尾鳍叉形。体青灰色，腹部白色，各鳍透明。

种群状况： 种群数量较少。

地理分布： 分布于红水河干流。江河底层鱼类，以螺、蚬类为主要饵料。

珍稀程度： 西江特有鱼类。

37. 巴门褶吻鲮 *Cophecheilus bamen* Zhu, Zhang, Zhang & Han, 2011

分类地位： 鲤形目 Cypriniformes 鲤科 Cyprinidae 褶吻鲮属 *Cophecheilus*。

鉴别特征： 体延长。头小。吻皮发达，向腹面扩展呈弓形盖住上颌，吻皮边缘具细乳突，在口角处与下唇相连。上唇退化呈一薄片紧贴上颌，在口角处以系带的形式与下唇相连。下唇由口角斜向前伸的左右不相连的唇后沟分为中间叶和左右 2 叶，下唇中间叶前缘散布乳突；左右唇后沟最短的距离约为口宽的 1/3。下颌与下唇以一深沟相隔，下颌具角质前缘。须 2 对，发达，口角须后伸超过主鳃骨前缘。

种群状况： 有一定种群数量。

地理分布： 分布于左江、右江的小支流。半穴居性鱼类，常在洞穴出口处生活，冬季入洞内生活，洪水季节多在洞外及小溪流中觅食成长。

珍稀程度： 西江特有鱼类。

38. 短须褶吻鲮 *Cophecheilus brevibarbatus* He, Huang, He & Yang, 2015

分类地位： 鲤形目 Cypriniformes 鲤科 Cyprinidae 褶吻鲮属 *Cophecheilus*。

鉴别特征： 体延长，前部略呈圆筒形，尾部侧扁。头小。吻皮发达，向腹面扩展呈弓形盖住上颌，吻皮边缘具细乳突，在口角处与下唇相连。上唇退化呈一薄片紧贴上颌，在口角处以系带的形式与下唇相连。下唇前缘散布乳突；左右唇后沟最短的距离约为口宽的 1/3。下颌与下唇以一深沟相隔，下颌具角质前缘。须 2 对，短小，口角须后伸不达主鳃骨前缘。背鳍无硬刺，外缘微凹；胸鳍后伸接近背鳍起点下方；腹鳍起点位于背鳍起点之后，后伸不达肛门；尾鳍叉形。生活时体黄绿色；浸制标本体淡黄色，腹部白色。

种群状况： 数量少。

地理分布： 分布于广西百色市田东县境内一龙潭。半穴居性鱼类，常在小龙潭觅食成长。

珍稀程度： 西江特有鱼类。

39. 靖西左江鲮 *Zuojiangia jingxiensis* Zheng, He, Yang & Wu, 2018

分类地位： 鲤形目 Cypriniformes 鲤科 Cyprinidae 左江鲮属 *Zuojiangia*。

鉴别特征： 体延长，前部略呈圆筒形，尾部侧扁。头小。吻皮发达，向腹面扩展盖住上颌，吻皮边缘分裂成流苏状，在口角处与下唇相连。上唇退化。下唇分 3 叶，前缘散布乳突；左右唇后沟短。下颌与下唇以一深沟相隔，下颌具角质前缘。须 2 对，口角须后伸超过眼后缘。鳞片中等大，侧线鳞 43 ~ 46 枚，围尾柄鳞 16 ~ 18 枚。背鳍无硬刺，外缘微凹；胸鳍后伸接近背鳍起点下方；腹鳍起点位于背鳍起点之后，后伸接近肛门但不达臀鳍基；尾鳍叉形。浸制标本体淡黄色，体侧沿侧线具一宽度为眼径的黑色条纹。

种群状况： 数量很少。

地理分布： 分布于左江上游支流的靖西市境内。半穴居性鱼类，常栖息于洞穴出口处。

珍稀程度： 西江特有鱼类。

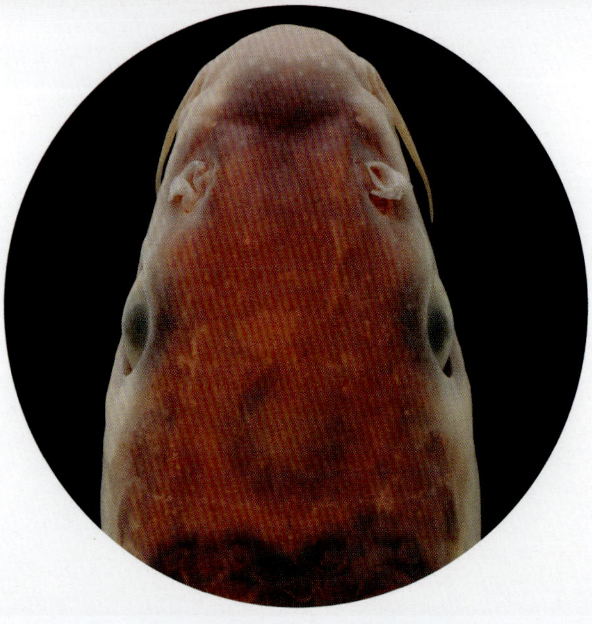

40. 小口红水鲮 *Hongshuia microstomatus* (Wang & Chen, 1989)

分类地位： 鲤形目 Cypriniformes 鲤科 Cyprinidae 红水鲮属 *Hongshuia*。

鉴别特征： 体长，稍侧扁。吻侧有浅沟自吻须基部延伸至口角。吻皮向腹面扩展，盖于上颌，终止于口角处，不与下唇相连。吻皮边缘不明显开裂，散满细小肉质乳突。上唇消失。下唇中央为一近圆形的肉质垫，垫周围隆起；下唇两侧较中部小，明显突起。口下位。上、下颌前缘具角质前缘。上颌有发达的系带与下唇相连。下颌与下唇有浅沟相隔。须 2 对。鳞片中等大，侧线完全，侧线鳞 39 ~ 40 枚。背鳍无硬刺。尾鳍深叉形。背部灰黑色，腹部灰白色，沿侧线有 1 条不明显的纵行黑色条纹。背鳍间膜有黑色条纹。

种群状况： 有一定种群数量，个体小。

地理分布： 分布于广西河池市南丹县境内喀斯特地区洞穴出口及其溪流。喜栖息于洞穴出口处，刮取岩石上的固着藻类为食。

珍稀程度： 西江特有鱼类。

41. 大眼红水鲮 *Hongshuia megalophthalmus* (Chen, Yang & Cui, 2006)

分类地位： 鲤形目 Cypriniformes 鲤科 Cyprinidae 红水鲮属 *Hongshuia*。

鉴别特征： 体长，稍侧扁。眼大，头长为眼径的 2.1 ~ 3.1 倍。吻侧有浅沟自吻须基部延伸至口角。吻皮向腹面扩展，盖于上颌，终止于口角处，不与下唇相连。吻皮边缘不明显开裂，散满细小肉质乳突。上唇消失。下唇中央为一近圆形的肉质垫，垫周围隆起；下唇两侧部较中部小，明显突起。口下位。上、下颌前缘具角质前缘。上颌有发达的系带与下唇相连。下颌与下唇有浅沟相隔。须 2 对。鳞片中等大，背鳍前鳞 15 ~ 16 枚。背鳍无硬刺，背鳍分枝鳍条 7 根。腹鳍分枝鳍条 7 根。尾鳍深叉形。背部灰黑色，腹部灰白色，沿侧线有 1 条不明显的纵行黑色条纹。尾鳍基部具一不明显的小黑色斑。

种群状况： 有一定种群数量，但个体小。

地理分布： 分布于广西河池市天峨县境内喀斯特地区洞穴出口及其溪流。栖息于小溪流及洞穴出口处，刮取岩石上的固着藻类为食。

珍稀程度： 西江特有鱼类。

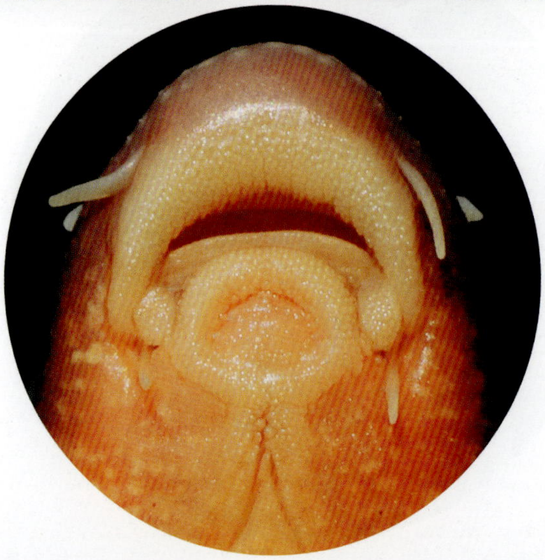

42. 袍里红水鲮 *Hongshuia paoli* Zhang, Qiang & Lan, 2008

分类地位： 鲤形目 Cypriniformes 鲤科 Cyprinidae 红水鲮属 *Hongshuia*。

鉴别特征： 体长，稍侧扁。眼大，头长为眼径的 2.1 ~ 3.1 倍。吻长，超过头长的 1/2。吻侧有浅沟自吻须基部延伸至口角。吻皮向腹面扩展，盖于上颌，终止于口角处，不与下唇相连。吻皮边缘散满细小肉质乳突。上唇消失。下唇中央为一近圆形的肉质垫，垫周围隆起，表面具乳突；下唇两侧部较中部小，明显突起。口下位。上、下颌前缘具角质前缘。上颌有发达的系带与下唇相连。下颌与下唇有浅沟相隔。须 2 对。鳞片中等大。背鳍长，无硬刺，背鳍长约为体长的 1/4；背鳍起点近吻端。尾鳍叉形。背部灰黑色，腹部灰白色，沿侧线有 1 条不明显的纵行黑色条纹。背鳍间膜有黑色条纹。

种群状况： 有一定种群数量，但个体小。

地理分布： 分布于广西河池市凤山县、百色市凌云县境内喀斯特地区洞穴出口。栖息于河流源头及地下河出口处。

珍稀程度： 西江特有鱼类。

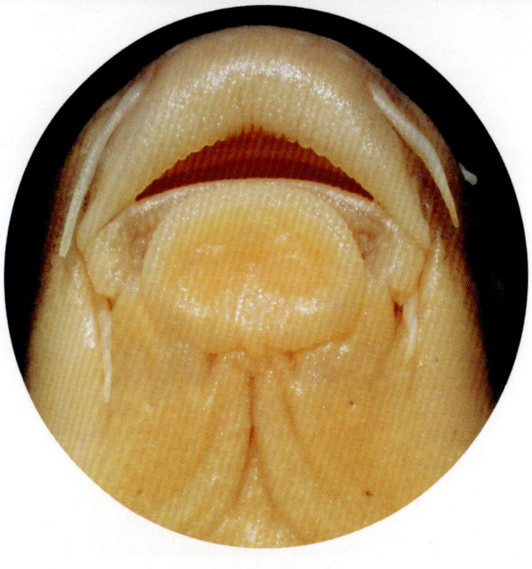

43. 才劳桂墨头鱼 *Guigarra cailaoensis* Wang, Chen & Zheng, 2022

分类地位： 鲤形目 Cypriniformes 鲤科 Cyprinidae 桂墨头鱼属 *Guigarra*。

鉴别特征： 体延长，粗壮，前部呈圆筒形，尾部侧扁。吻皮光滑，向腹面扩展，覆盖上颌，在口角处与下唇相连。须 2 对，小于眼径。口下位，新月形。上、下颌具角质前缘。上唇发达，覆盖上颌大部。下唇宽厚，形成发达的吸盘；吸盘前缘呈新月状突起，在口角处扩大为唇片，与吻皮和上唇相连；吸盘中央肉质垫呈椭圆形，边缘为游离的薄片。背鳍无硬刺，外缘微凹；胸鳍短，后伸不达背鳍起点下方；腹鳍起点位于背鳍起点之后，后伸可达肛门，但不及臀鳍基；尾鳍叉形。体背深褐色，体侧及背部鳞片颜色较深。

种群状况： 种群数量少。

地理分布： 分布于广西河池市凤山县境内山溪。生活于山涧溪流水温低、水流急的环境。

珍稀程度： 西江特有鱼类。

44. 那坡华墨头鱼 *Sinigarra napoense* Zhang & Zhou, 2012

分类地位： 鲤形目 Cypriniformes 鲤科 Cyprinidae 华墨头鱼属 *Sinigarra*。

鉴别特征： 体粗短，前部呈圆筒形，尾部侧扁。鼻孔前方略下陷，吻部具珠星。吻皮向腹面扩展，覆盖于上颌外表，在口角处与下唇相连。口下位，新月形。上、下颌具角质前缘。上唇与上颌分离。下唇后缘具一小缺刻，下唇有发达的吸盘，中央为肉质垫，后缘不完全游离。尾鳍叉形。体背淡黄色，体侧眼后部至尾鳍基具一浅绿色纵纹。尾鳍基部具一黑色斑。

种群状况： 种群数量少。

地理分布： 分布于广西百色市那波县境内山溪。生活于山涧溪流水温低、水流急的环境。

珍稀程度： 西江特有鱼类。

45. 缺刻墨头鱼 *Garra incisorbis* Zheng, Yang & Chen, 2016

分类地位： 鲤形目 Cypriniformes 鲤科 Cyprinidae 墨头鱼属 *Garra*。

鉴别特征： 体延长、粗壮，前部呈圆筒形，尾部侧扁。鼻孔向前至吻端散布细小珠星。吻皮发达，向腹面扩展，覆盖上颌，边缘略分裂，在口角处与下唇相连。口下位，新月形。上、下颌具角质前缘。上唇消失。下唇有发达的吸盘，中央为肉质垫，后缘游离；吸盘后缘中央具一明显的缺刻。须 2 对，短小。背鳍无硬刺，外缘凹入；胸鳍短，后伸不达背鳍起点下方；腹鳍起点位于背鳍起点之后，后伸超过臀鳍基；尾鳍叉形。体背淡黄色，尾鳍基部具一黑色斑。

种群状况： 种群数量少。

地理分布： 目前所知仅分布于广西百色市那坡县。生活于山涧溪流水质清澈、水温较低的环境。

珍稀程度： 西江特有鱼类。

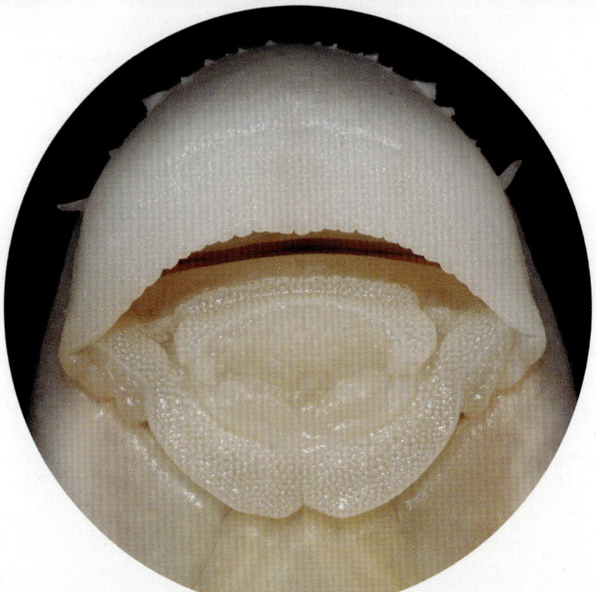

46. 多线盘𬶋 *Discogobio multilineatus* Cui, Zhou & Lan, 1993

分类地位： 鲤形目 Cypriniformes 鲤科 Cyprinidae 盘𬶋属 *Discogobio*。

鉴别特征： 体长，前部呈圆筒形。吻端两侧各具 1 对大型珠星。口下位。吻皮下包，盖于上颌，边缘纵裂，并有小乳突。吻皮与上颌分离，上唇消失。下颌与下唇分离，有吸盘，吸盘中央为一小而光滑的肉质垫，具隆起的皮褶，呈马蹄形。须 2 对。背鳍无硬刺。尾鳍叉形。体灰黑色，背部深暗，体侧自头后至尾鳍基部有 5 ~ 6 条黑色纵纹。尾鳍上、下缘黑色。

种群状况： 种群数量少。

地理分布： 分布于红水河支流的盘阳河。栖息于河流的河滩，喜急流环境。

珍稀程度： 西江特有鱼类。

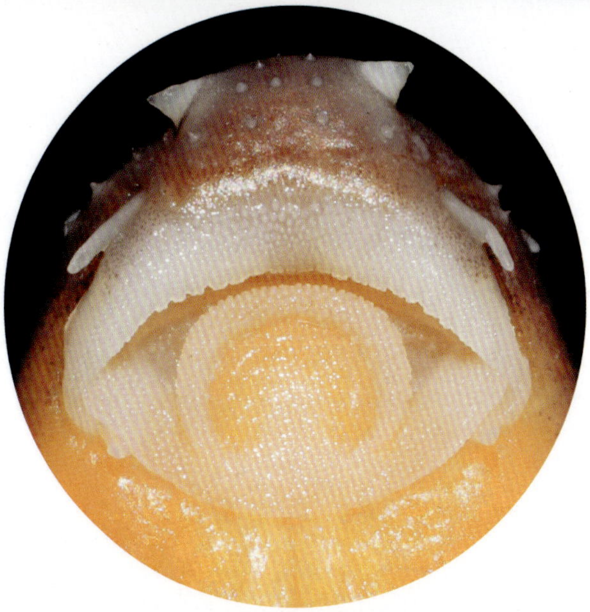

47. 伍氏盘口鲮 *Discocheilus wui* (Chen & Lan, 1992)

分类地位：鲤形目 Cypriniformes 鲤科 Cyprinidae 盘口鲮属 *Discocheilus*。

鉴别特征：体小，前部呈圆筒状，后部侧扁。吻圆钝。吻端有颗粒状珠星。吻皮向腹面扩展盖住上颌外面，外缘散布细小乳突，边缘不分裂。口下位。上唇消失。吻皮与上颌分离。下唇有一椭圆形的吸盘，中央为一肉质垫。须 2 对。鳞中等大，前胸部鳞片隐埋皮下。侧线完全，平直。背鳍无硬刺。尾鳍分叉浅。体棕黄色，沿侧线具一黑色宽条纹。尾鳍上、下叶边缘各具一黑色细条。

种群状况：有一定种群数量，但个体很小。

地理分布：分布于广西河池市天峨县、东兰县、凤山县，百色市乐业县、德保县的山溪中。生活于急流山溪中。

珍稀程度：西江特有鱼类。

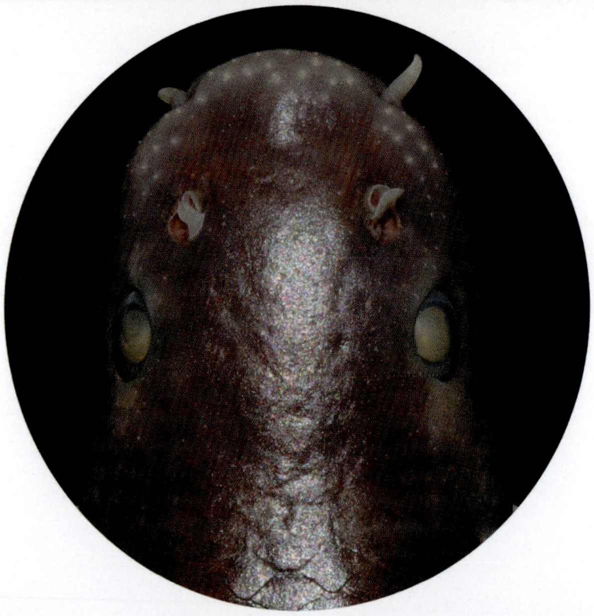

48. 三角鲤 *Cyprinus multitaeniata* Pellegrin & Chevey, 1936

分类地位：鲤形目 Cypriniformes 鲤科 Cyprinidae 鲤属 *Cyprinus*。

鉴别特征：体侧扁，头后背部显著隆起。尾柄高稍大于尾柄长。头短。口亚下位。唇较厚。须 2 对。眼大。鳞较大。侧线鳞 36 枚。背鳍与臀鳍均具硬刺，背鳍外缘稍凹。胸鳍末端可伸达腹鳍起点。腹鳍末端可伸达肛门。尾鳍深分叉。体背侧暗灰色，腹部银白色。鳍呈浅灰色。

种群状况：数量多，在红水河是重要的经济鱼类。

地理分布：红水河、柳江、桂江、右江、左江均有分布。底层鱼类，杂食性，主要以底栖动物为食。

珍稀程度：西江特有鱼类。

49. 线纹原缨口鳅 *Vanmanenia lineata* (Fang, 1935)

分类地位：鲤形目 Cypriniformes 爬鳅科 Balitoridae 原缨口鳅属 *Vanmanenia*。

鉴别特征：体细长。口下位。下唇具 4 个分叶状的大乳突，上、下唇在口角处相连。下颌前缘稍外露。上唇与吻端之间具较宽而深的吻沟。吻沟前具吻褶，吻褶分 3 叶，叶端稍尖。吻褶叶间具吻须 2 对。口角须 2 对。鳃裂较宽，上起眼下缘之后方，沿胸鳍基部前方延伸到头部腹面。体被细鳞。侧线完全。背鳍起点在腹鳍起点的前方。胸鳍末端不达腹鳍起点。尾鳍凹形。体背黑褐色，腹面浅黄色。头背部具虫蚀状的黑色斑纹，横跨自头后至尾鳍基部的体背中线有 8 ~ 10 个圆形大黑色斑，沿侧线有 1 条黑色条纹。尾鳍基部有一黑色斑点。各鳍均具由黑色斑点组成的条纹。

种群状况：种群数量多。

地理分布：分布于右江、柳江、漓江和桂江等支流。栖息于岩石、砾石、沙石的河滩，喜急流环境。

珍稀程度：西江特有鱼类。

2 cm

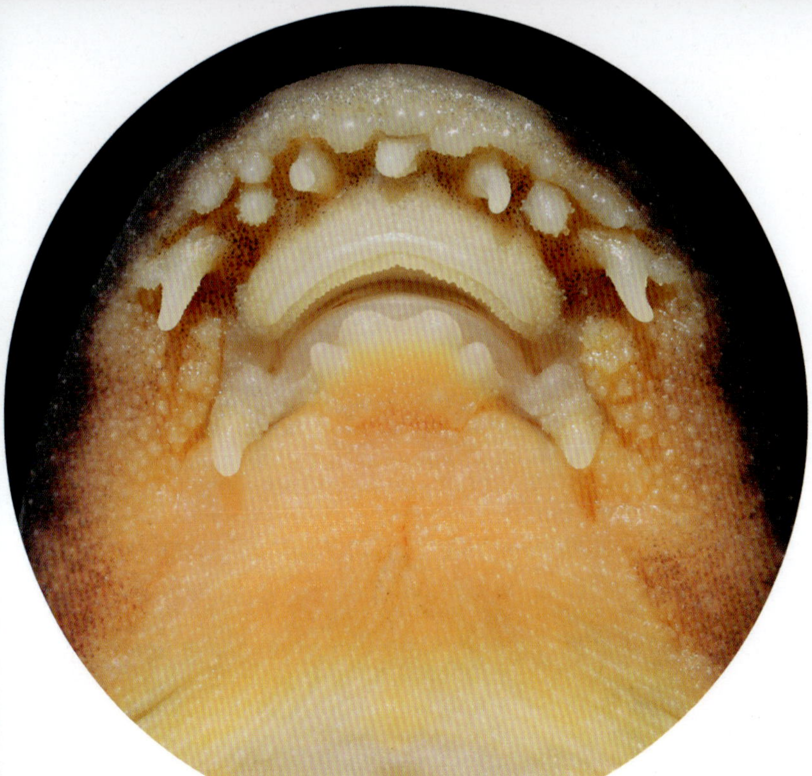

50. 平头原缨口鳅 *Vanmanenia homalocephala* Zhang & Zhao, 2000

分类地位： 鲤形目 Cypriniformes 爬鳅科 Balitoridae 原缨口鳅属 *Vanmanenia*。

鉴别特征： 体长，前段圆筒形，后段稍侧扁。背缘浅弧形，腹面平坦。头前部平扁，吻圆钝。口下位，口裂小。上唇边缘具排列整齐的唇褶，下唇具 4 个分叶状的大乳突。上唇与吻端之间具吻沟。吻沟前具吻褶，吻褶特化为 3 ~ 4 个不规则的小叶。吻褶叶间具小吻须 2 对。口角须 2 对，内侧 1 对很小。前、后鼻孔相近。眼小，侧上位。鳃裂下角伸至胸鳍前方。体被细鳞。侧线完全。背鳍起点在腹鳍起点的前方。腹鳍左右分开，基部背侧具一较发达的皮质瓣膜。尾鳍分叉。体背棕褐色。头部具不规则斑纹，横跨背中线有 6 ~ 7 个马鞍形宽横斑，体侧沿侧线上下有 1 ~ 2 条连续或不连续的棕褐色纵纹。背鳍、尾鳍和胸鳍具由棕褐色斑点组成的 2 ~ 3 条斑纹。

种群状况： 种群数量多。

地理分布： 广西各水系均有分布。栖息于岩石、砾石、沙石的河滩，喜急流环境。

珍稀程度： 西江特有鱼类。

1 cm

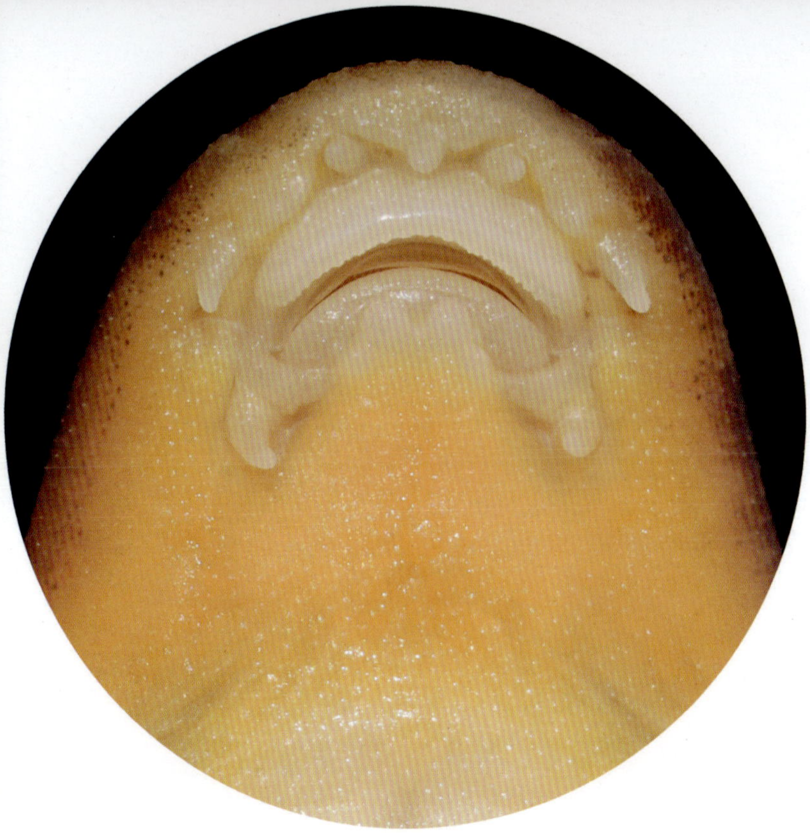

51. 中华游吸鳅 *Erromyzon sinensis* (Chen, 1980)

分类地位： 鲤形目 Cypriniformes 爬鳅科 Balitoridae 游吸鳅属 *Erromyzon*。

鉴别特征： 体细长。吻圆钝。口下位。上、下唇在口角处相连。上唇与吻皮间具吻沟。吻褶分为不甚显著的 3 叶，中叶稍大，叶端略尖。吻褶叶间具 2 对乳突状吻须。口角须 1 对。鳃裂下缘终止于胸鳍基部上方。体被小鳞。侧线完全。背鳍起点位于腹鳍起点之前。胸鳍短，不达腹鳍起点。腹鳍左右分开，末端达到肛门。尾鳍末端微凹，下叶稍长。体黑褐色，腹部略黄。头背部密布虫蚀状的黑色斑纹和白色斑点。尾鳍基部有一黑色斑点。体背侧具 20 条左右的垂直条纹。背鳍和尾鳍有 4 ~ 5 条灰黑色斑点组成的条纹。

种群状况： 种群数量多。

地理分布： 西江水系广泛分布。栖息于山区溪流、河滩的急流环境，刮取岩石上的固着藻类为食。

珍稀程度： 西江特有鱼类。

1 cm

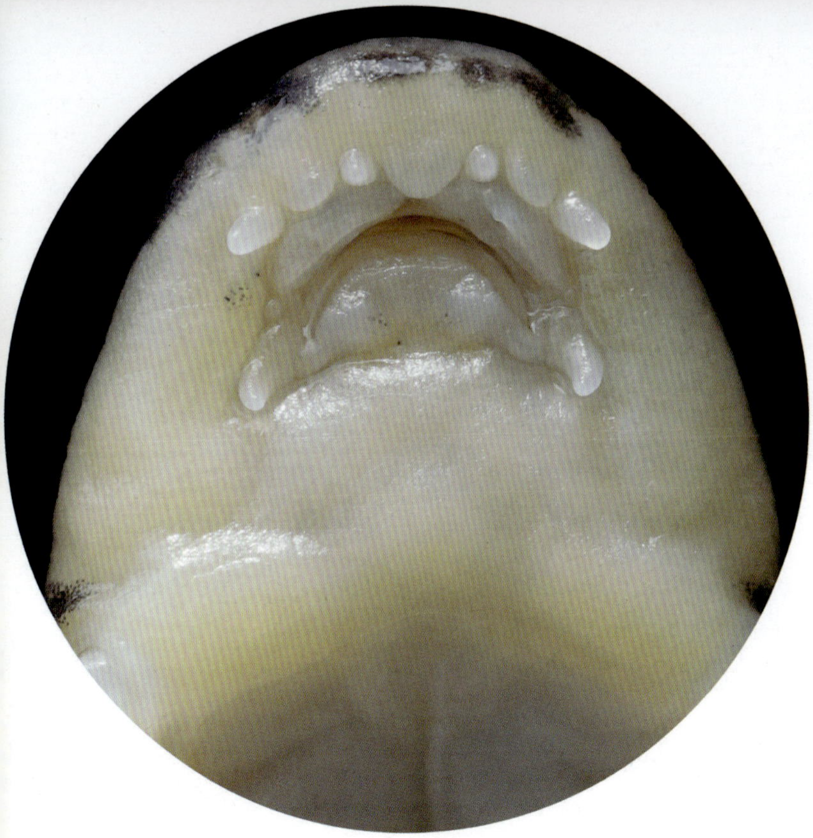

52. 美斑游吸鳅 *Erromyzon kalotaenia* Yang, Kottelat, Yang & Chen, 2012

分类地位： 鲤形目 Cypriniformes 爬鳅科 Balitoridae 游吸鳅属 *Erromyzon*。

鉴别特征： 体较粗壮。吻圆钝。口下位。上、下唇在口角处相连。上唇与吻皮间具吻沟。吻褶分为不甚显著的 3 叶，中叶小，呈三角形，叶端尖。吻褶叶间具 2 对乳突状吻须。口角须 1 对。鳃裂下缘终止于胸鳍基部上方。体被小鳞。侧线完全，侧线鳞 85 ~ 89 枚。背鳍起点位于腹鳍起点之前。胸鳍短，不达腹鳍起点。腹鳍左右分开，末端不达肛门。尾鳍末端微凹。肛门约在腹鳍腋部至臀鳍起点间的 2/3 处。体浅褐色，腹部略白。尾鳍基部有一黑色斑点。体侧具 8 ~ 9 个块状垂直斑纹，斑纹的宽度约为体高的 1/3。背鳍和尾鳍有明显的褐色斑点组成的条纹。

种群状况： 种群数量少。

地理分布： 分布于广西来宾市金秀县大瑶山及其周边山溪。小型底栖鱼类，栖息于山区溪流、河滩的急流环境，刮取岩石上的固着藻类为食。

珍稀程度： 西江特有鱼类。

1 cm

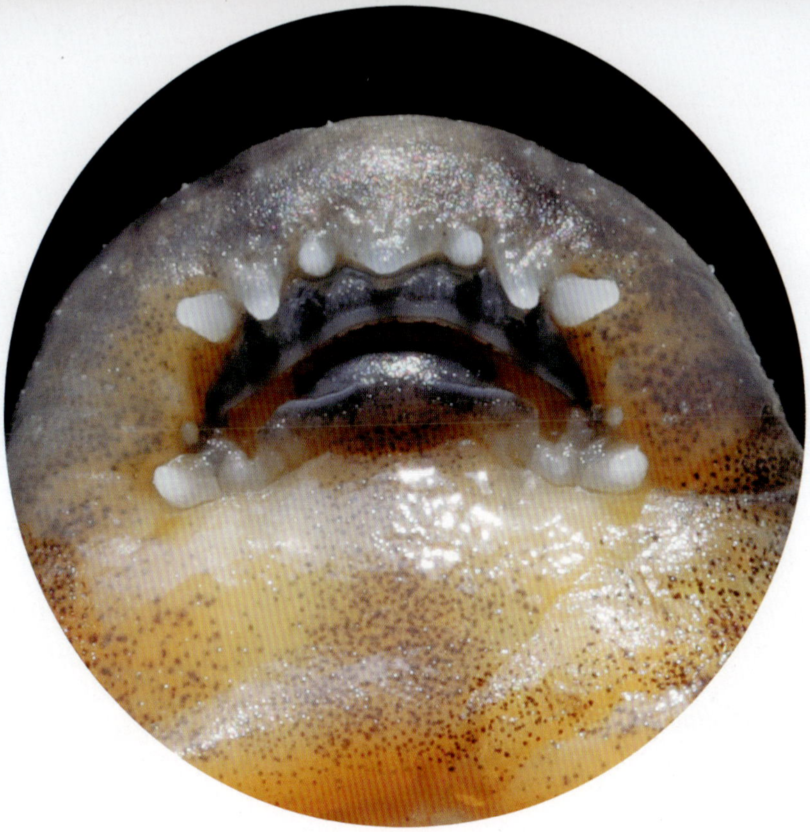

53. 大明山游吸鳅 *Erromyzon damingshanensis* Xiu & Yang, 2017

分类地位：鲤形目 Cypriniformes 爬鳅科 Balitoridae 游吸鳅属 *Erromyzon*。

鉴别特征：体粗壮。吻圆钝。口下位。上、下唇在口角处相连。上唇与吻皮间具吻沟。吻褶分为不甚显著的 3 叶，中叶稍大。吻褶叶间具 2 对乳突状吻须。口角须 1 对，短于吻皮。鳃裂下缘终止于胸鳍基部上方。鳞小，侧线鳞 88 ~ 95 枚。背鳍起点与腹鳍起点相对，分枝鳍条 7 根。胸鳍短，不达腹鳍起点，分枝鳍条 16 根。腹鳍左右分开，末端超过肛门。尾柄高稍大于尾柄长。尾鳍末端微凹，下叶稍长。肛门约在腹鳍腋部至臀鳍起点间的中点或稍前。体黑褐色，腹部略黄。头背部密布虫蚀状的黑色斑纹和白色斑点。尾鳍基部有一黑色斑点。体背侧具 12 条左右的垂直条纹。背鳍和尾鳍有 4 ~ 5 条灰黑色斑点组成的条纹。

种群状况：种群数量多。

地理分布：分布于广西南宁市上林县境内的大明山溪流。栖息于山区溪流，刮取岩石上的固着藻类为食。

珍稀程度：西江特有鱼类。

1 cm

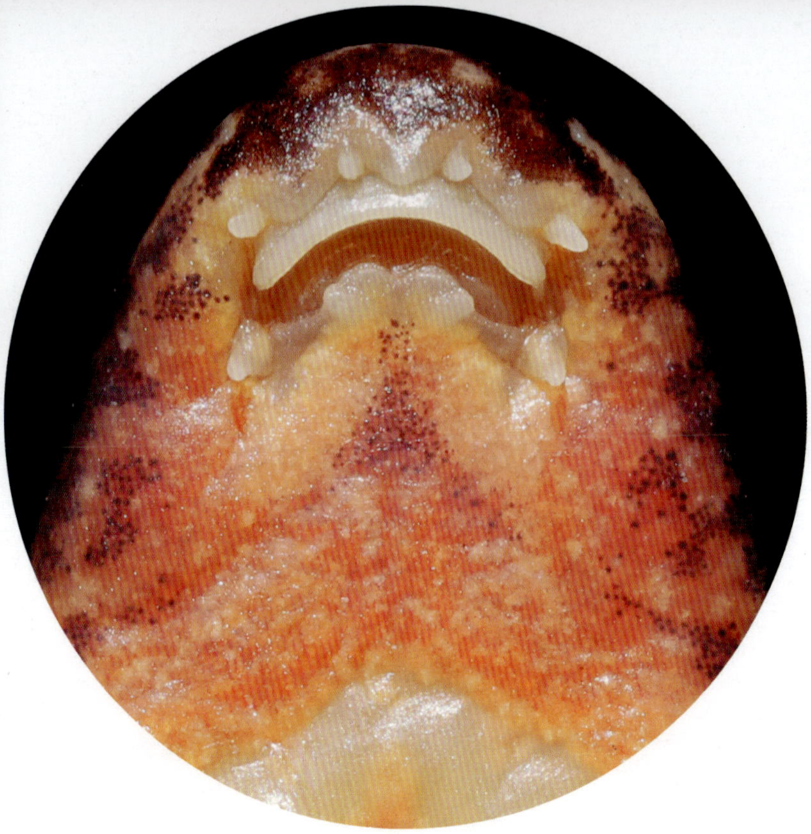

54. 巴马似原吸鳅 *Paraprotomyzon bamaensis* Tang, 1997

分类地位： 鲤形目 Cypriniformes 爬鳅科 Balitoridae 似原吸鳅属 *Paraprotomyzon*。

鉴别特征： 体前段平扁，后段稍侧扁，腹面平坦。吻端至头背部具细小密集的刺状疣突。口下位，口裂较小，呈马蹄形。上唇无明显乳突；下唇呈“八”字形，两侧近口角处扩大，后缘游离呈唇片，每侧表面具乳突 4 ~ 5 个。下颌前缘外露。上唇与吻皮间具吻沟；吻褶分约等大的 3 叶，每叶呈三角形，无乳突。吻褶叶间具 2 对小吻须。口角须 2 对。体被细鳞。侧线完全。背鳍起点位于腹鳍起点之后上方。胸鳍起点在眼后缘的下方，末端超过腹鳍起点。腹鳍基部背侧具一发达的皮质瓣膜，腹鳍左右分开。尾鳍末端略内凹，下叶稍长。体淡黄色。头背部具密集的黑色小圆斑，横跨背鳍起点之前的背面有 3 个较大的近圆形黄色暗斑。体侧具不规则圆斑。背鳍和尾鳍具由灰色斑点组成的 2 ~ 3 个条纹。

种群状况： 在分布地种群数量多。

地理分布： 分布于西江水系红水河的盘阳河支流。在急流河滩处，吸附在砾石、岩石上，刮取固着藻类为食。

珍稀程度： 西江特有鱼类。

1 cm

55. 条斑爬岩鳅 *Beaufortia zebroidus* (Fang, 1930)

分类地位： 鲤形目 Cypriniformes 爬鳅科 Balitoridae 爬岩鳅属 *Beaufortia*。

鉴别特征： 体较短，背鳍后段侧扁，腹面平坦。头平扁。口下位，口裂小，呈马蹄形。下唇呈弧形，中部有一缺刻，左右唇片边缘各具 3 ~ 5 个分叶状的乳突。下颌稍外露。吻褶分为约等大的 3 叶，叶端圆钝。吻褶叶间具 2 对须。鳃裂很窄，下缘不达胸鳍基部。体被细鳞，为皮膜所覆盖。侧线完全。胸鳍起点约在眼后缘的垂直线下方，分枝鳍条 19 根。腹鳍起点至臀鳍起点的距离显著小于至吻端的距离，左右腹鳍最末根鳍条在中部相连，后缘有一缺刻，腹鳍末端不达肛门，腹鳍分枝鳍条 15 ~ 16 根。尾鳍末端斜截，下叶稍长。肛门在腹鳍腋部至臀鳍起点间的 3/5 ~ 2/3 处。体背棕色，腹部略黄。头背部和胸鳍背面具圆形或长圆形不规则黑色斑点，体侧具 10 ~ 14 条黑色横纹。各鳍均具由黑色斑点组成的条纹。

种群状况： 种群数量少。

地理分布： 分布于西江水系的左江、右江、红水河支流的山溪。喜吸附在岩石上，刮取固着藻类为食。

珍稀程度： 西江特有鱼类。

1 cm

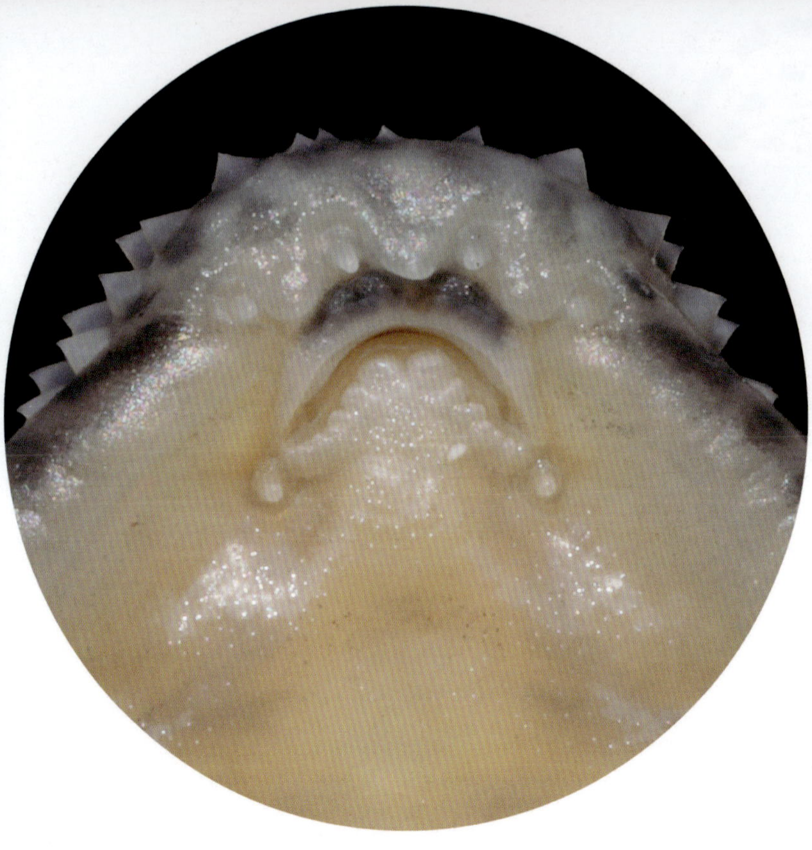

56. 秉氏爬岩鳅 *Beaufortia pingi* (Fang, 1930)

分类地位： 鲤形目 Cypriniformes 爬鳅科 Balitoridae 爬岩鳅属 *Beaufortia*。

鉴别特征： 体较短，背鳍后段侧扁，腹面平坦。头平扁。口下位，口裂小，呈马蹄形。下唇呈弧形，中部有一缺刻，左右唇片边缘各具 3 ~ 5 个分叶状的乳突。下颌稍外露。吻褶分为约等大的 3 叶，叶端圆钝。吻褶叶间具 2 对须。鳃裂很窄，下缘不达胸鳍基部。体被细鳞，为皮膜所覆盖。侧线完全。胸鳍起点约在眼后缘的垂直线下方。腹鳍基部背面具一发达的皮质瓣膜，左右腹鳍最末根鳍条在中部相连，后缘有一缺刻。尾鳍末端斜截。体背棕色，腹部略黄。头背部和胸鳍背面具圆形或长圆形不规则黑色斑点。各鳍均具由黑色斑点组成的条纹。

种群状况： 常见种类，数量多。

地理分布： 分布于西江水系的左江、右江和红水河的支流山溪。

珍稀程度： 西江特有鱼类。

1 cm

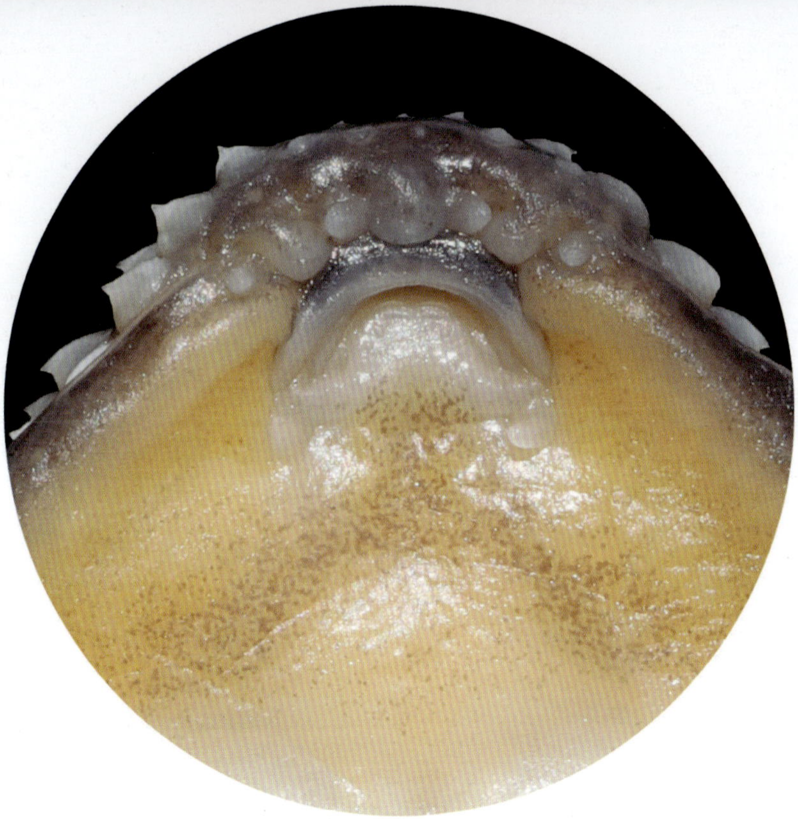

57. 贵州爬岩鳅 *Beaufortia kweichowensis* (Fang, 1931)

分类地位：鲤形目 Cypriniformes 爬鳅科 Balitoridae 爬岩鳅属 *Beaufortia*。

鉴别特征：体稍延长，尾柄侧扁。头部宽扁，吻端圆钝。口下位，口裂较大，呈马蹄形。下颌外露。吻褶分 3 叶，叶端圆钝。吻褶叶间具 2 对短小吻须。口角须 1 对。鳃裂极小，约等于眼径。体被细鳞，为皮膜所覆盖。侧线完全。胸鳍起点约在鼻孔中部垂直下方。左右腹鳍的最末 3～4 根鳍条在中部斜向相连，后缘有一较深的缺刻。尾鳍末端斜截，下叶略长。体背棕褐色。头部、体背侧和偶鳍基部密布大小不等的棕褐色圆斑。背鳍和尾鳍具由黑色斑点组成的条纹。

种群状况：常见种类，数量多。

地理分布：分布于西江水系的龙江、浔江、融江和漓江各支流。在河滩急流处，吸附于岩石、砾石上，刮取固着藻类为食。

珍稀程度：西江特有鱼类。

1 cm

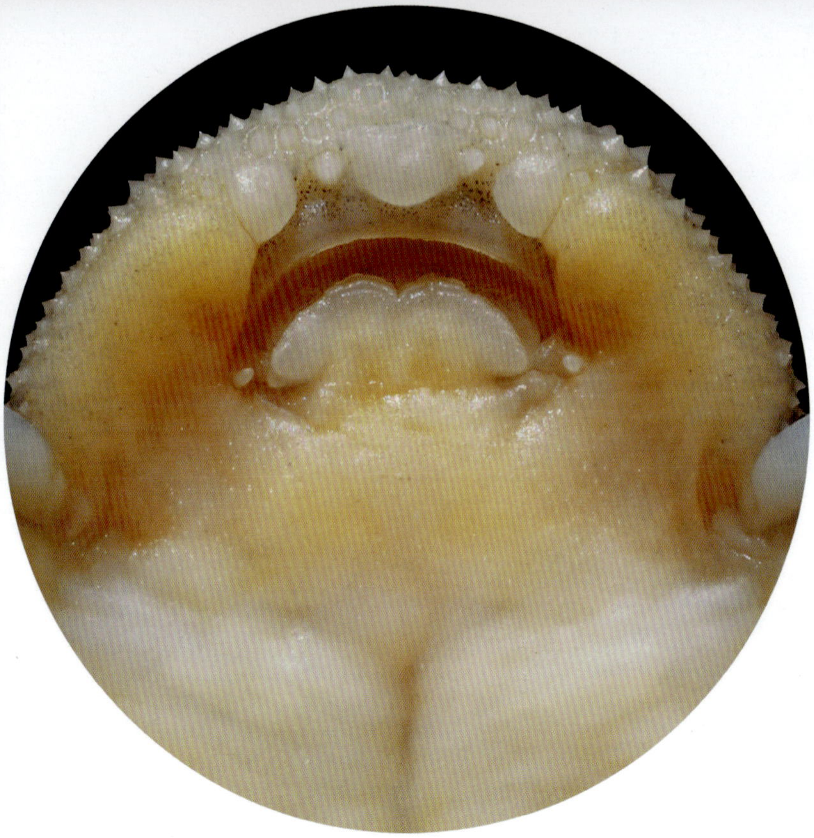

58. 圆体爬岩鳅 *Beaufortia cyclica* Chen, 1980

分类地位：鲤形目 Cypriniformes 爬鳅科 Balitoridae 爬岩鳅属 *Beaufortia*。

鉴别特征：体前段平扁，背鳍后部身体侧扁，腹面平坦。头较宽扁，吻端圆钝。口下位，口裂中呈马蹄形。下唇呈弧形，外侧边缘各具 3 个小乳突。下颌外露。上唇与吻端之间具吻沟，延伸至口角。吻沟前具发达的吻褶，吻褶分 3 叶。吻褶叶间具 2 对小吻须，内侧 1 对稍粗大。口角须 1 对。前、后鼻孔相近。眼较小，侧上位。鳃裂小，下缘不达胸鳍基部。体被细鳞。侧线完全。背鳍起点位于腹鳍起点之后。胸鳍起点在鼻孔之前。左右腹鳍完全相连，末端接近肛门。尾鳍末端斜截，下叶略长。体背棕褐色。头背部具不规则的褐色斑点，横跨背部有 5 ~ 7 个黑色大斑块。胸鳍外缘有 7 ~ 9 个褐色斑，背鳍和尾鳍均具由黑色斑点组成的条纹。

种群状况：种群数量多。

地理分布：分布于西江水系左江支流。喜生活在急流中，吸附于岩石、砾石上，刮取固着藻类为食。

珍稀程度：西江特有鱼类。

1 cm

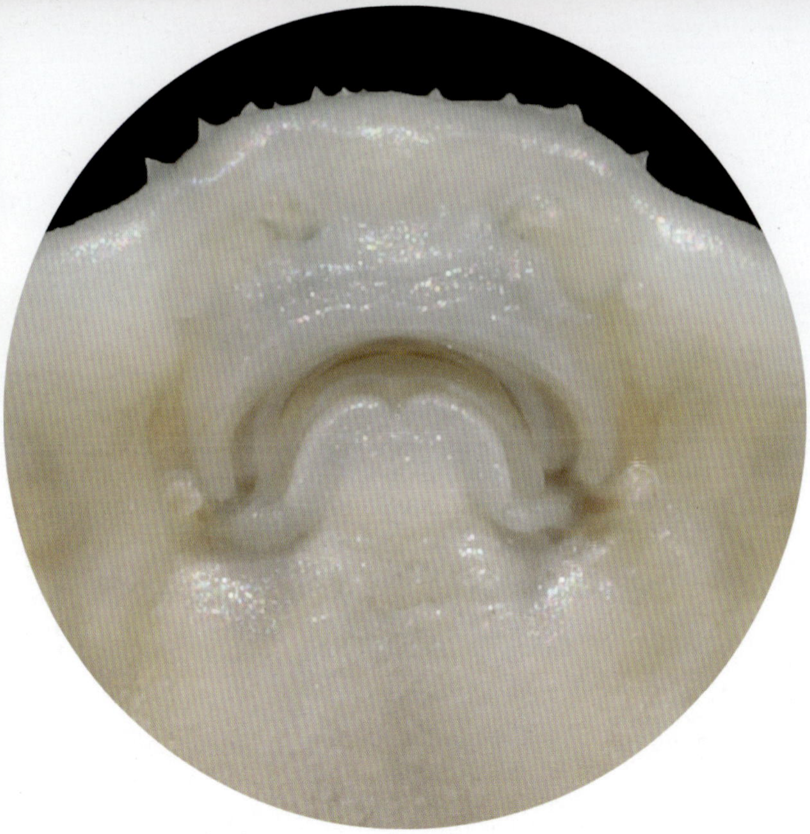

59. 广西爬鳅 *Balitora kwangsiensis* (Fang, 1930)

分类地位： 鲤形目 Cypriniformes 爬鳅科 Balitoridae 爬鳅属 *Balitora*。

鉴别特征： 体延长，近圆筒形，尾柄侧扁。头平扁。吻端稍尖。口下位，口裂小，深弧形。上唇具 2 排发达乳突。下唇有一排 8 个乳突。下颌稍外露。吻褶分叶不明显，约为等大 3 叶，吻褶叶间有 2 对较粗大的吻须。口角须 2 对。鳃裂宽，下缘延伸到头部腹面。体侧被鳞。侧线完全。背鳍起点在腹鳍起点的前方。胸鳍末端不达腹鳍起点。腹鳍具 2 根不分枝鳍条，左右腹鳍分离。尾鳍叉形，下叶稍长。体背浅黄色，腹部灰白色。头背面具不规则的褐色斑点，横跨体背中线具黑褐色圆形大斑 7～8 个。体侧具不规则的暗斑块，各鳍均具黑色斑点组成的条纹。

种群状况： 数量较多，常见种类。

地理分布： 分布于西江水系的左江、右江、红水河、柳江、桂江及浔江。喜欢在河流急滩处，吸附于岩石、砾石上刮取固着藻类为食。

珍稀程度： 西江特有鱼类。

2 cm

60. 禄峒爬鳅 *Balitora ludongensis* Liu & Chen, 2012

分类地位：鲤形目 Cypriniformes 爬鳅科 Balitoridae 爬鳅属 *Balitora*。

鉴别特征：体延长，近圆筒形，尾柄侧扁。头低平。吻端稍尖。口下位，口裂小，深弧形。上唇 3 ~ 5 个乳突排成一行。下颌稍外露。吻褶分叶不明显，约为等大 3 叶，吻褶叶间有 2 对吻须。口角须 2 对。鳃裂宽，下缘延伸到头部腹面。体侧被鳞。侧线完全，侧线鳞 69 ~ 74 枚。背鳍起点在腹鳍起点的前方。胸鳍末端不达腹鳍起点。腹鳍具 2 根不分枝鳍条，左右腹鳍分离。尾柄高为尾柄长的 39.1% ~ 55.0%。尾鳍叉形，上叶稍长。体背浅黄色，腹部灰白色，横跨体背中线具黑褐色圆形大斑 6 ~ 9 个。

种群状况：数量较多。

地理分布：分布于广西百色靖西市、那坡县的河流。在山溪急流中，吸附在岩石上。

珍稀程度：西江特有鱼类。

1 cm

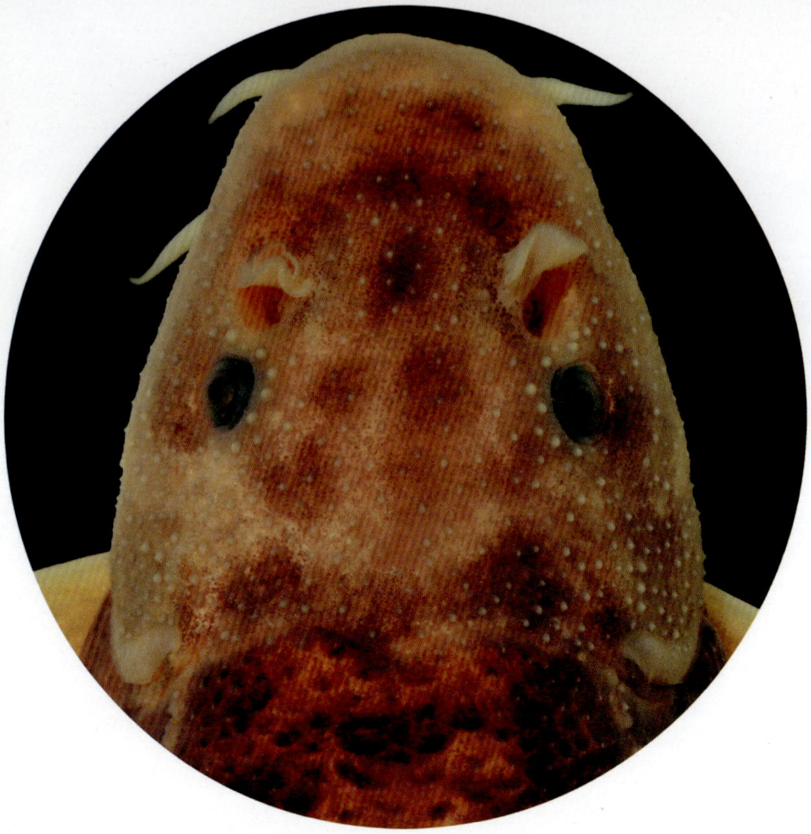

61. 矮身间吸鳅 *Hemimyzon pumilicorpora* Zheng & Zhang, 1987

分类地位：鲤形目 Cypriniformes 爬鳅科 Balitoridae 间吸鳅属 *Hemimyzon*。

鉴别特征：体稍长，前段扁平，后部渐侧扁，尾柄细长，腹部平坦。吻端圆钝。口下位，口裂呈马蹄形。吻褶发达，分 3 叶，叶端圆钝。吻褶叶间有 2 对吻须。上唇具 5 ~ 8 个细小乳突排成 1 列。口角须 2 对。鳃裂自胸鳍基部延伸到头部腹面。体被细鳞；腹部裸露区延伸到腹鳍基后缘。侧线完全。背鳍分枝鳍条 7 根。偶鳍宽大而平展，基部具发达的肉质鳍柄。胸鳍具 12 ~ 15 根不分枝鳍条，11 ~ 13 根分枝鳍条；胸鳍超过腹鳍起点。腹鳍起点位于背鳍起点之前；左右腹鳍相互靠近，但不相连接，其末端超过肛门；分枝鳍条 10 ~ 11 根。尾鳍叉形，下叶较长。体背棕色，头背部、体侧及偶鳍基部具不规则的黑褐色小斑块，横跨体背中线有 6 ~ 7 个较大的圆形黑褐色斑块。尾鳍的上、下叶各有 1 条纵向的黑色斜条纹。

种群状况：种群数量少。

地理分布：分布于红水河中游都安县境内河段。生活在河流急滩处，吸附于岩石、砾石上刮取固着藻类为食。

珍稀程度：西江特有鱼类。

1 cm

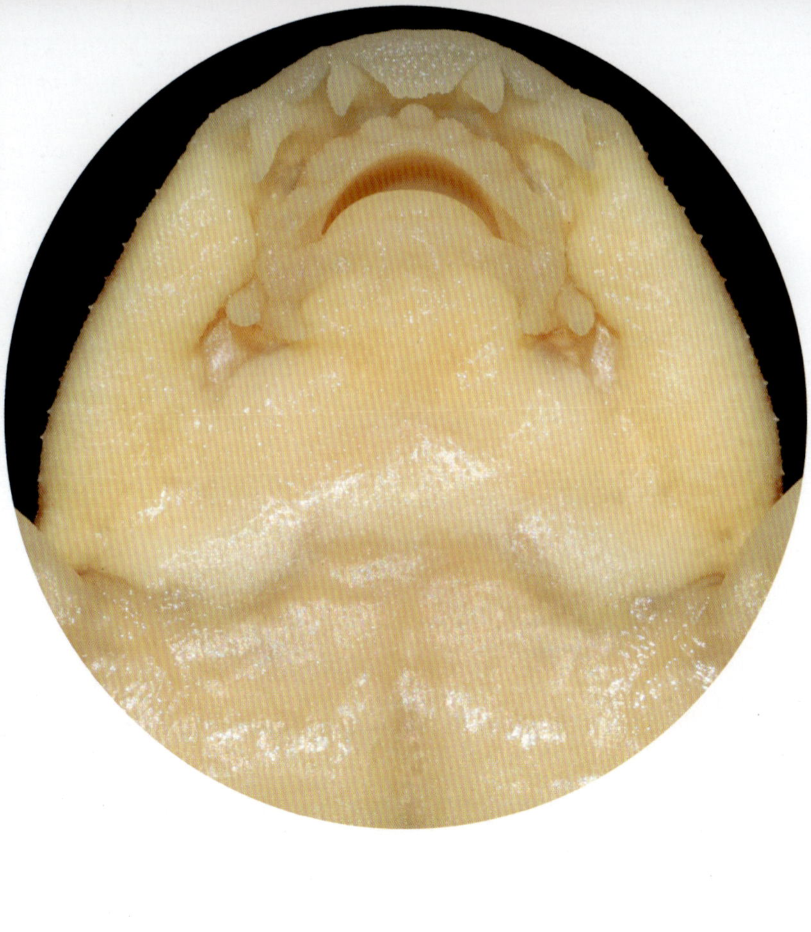

62. 伍氏华吸鳅 *Sinogastromyzon wui* Fang, 1930

分类地位：鲤形目 Cypriniformes 爬鳅科 Balitoridae 华吸鳅属 *Sinogastromyzon*。

鉴别特征：体短，前段宽而扁平，背鳍基后部身体侧扁，腹部平坦。头宽，吻端圆钝。口下位，口裂呈马蹄形。上唇具 9 ~ 12 个细小乳突排成一列。吻褶发达，分 3 叶，叶端圆钝，中叶宽大。吻褶叶间有 2 对约等大的小吻须。口角须 2 对。鳃裂下缘终止于胸鳍基部。体被细鳞。侧线完全。偶鳍宽大而平展，基部具发达的肉质鳍柄。胸鳍具 10 ~ 14 根不分枝鳍条，胸鳍超过腹鳍起点。左右腹鳍条在后缘中部完全愈合成吸盘状，末端超过肛门。尾鳍凹形，下叶较长。体背棕色，腹面略黄。头背部、体侧及偶鳍基部具不规则的黑褐色小斑块，横跨体背中线有 5 ~ 9 个较大的圆形黑褐色斑块。背鳍和尾鳍具由黑色斑点组成的条纹。

种群状况：种群数量较多，为常见种。

地理分布：分布于西江水系的左江、红水河、柳江、漓江和黔江。常在河流急滩处，吸附于岩石、砾石上刮取固着藻类为食。

珍稀程度：西江特有鱼类。

1 cm

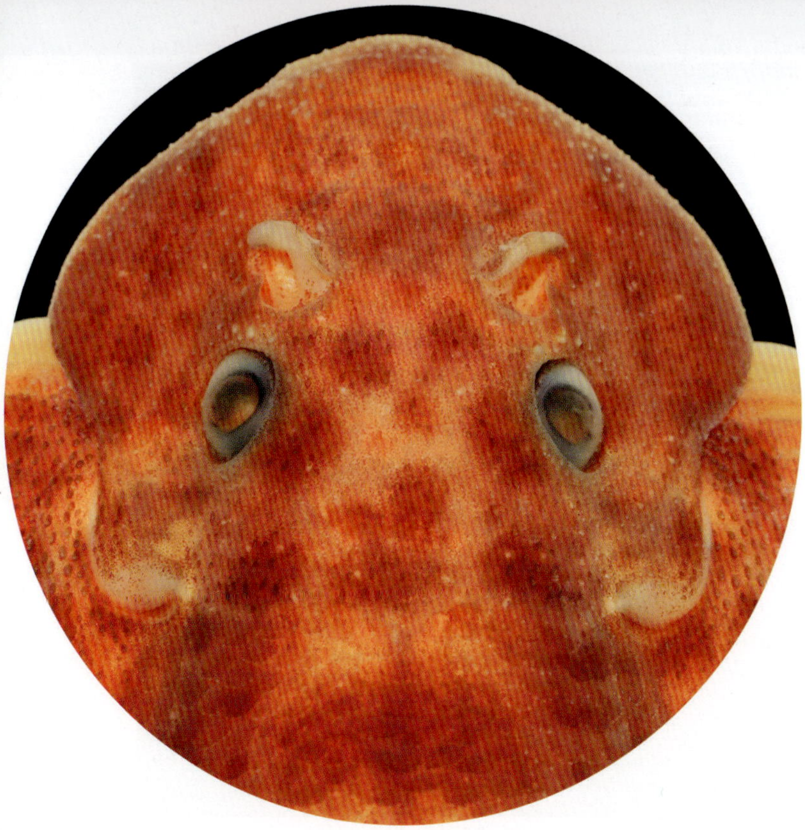

63. 糙隐鳍鲇 *Pterocryptis anomala* (Herre, 1934)

分类地位： 鲇形目 Siluriformes 鲇科 Siluridae 隐鳍鲇属 *Pterocryptis*。

鉴别特征： 体延长，背鳍后部身体长而侧扁。头圆钝且宽。口亚下位。上颌略突出于下颌。须 3 对，口角须最长，后伸可达臀鳍起点；颏须 2 对。鳃盖膜不与鳃峡相连。侧线完全。背鳍短小，无硬刺。臀鳍长，后端与尾鳍相连。胸鳍硬刺短而弱，前缘光滑，后缘具弱锯齿。尾鳍微内凹。活体呈褐色，略红；腹部颜色浅。

种群状况： 有一定种群数量。

地理分布： 分布于西江水系的红水河干流及柳江、桂江、左江、右江支流。有穴居习性的小型肉食性鱼类。

珍稀程度： 西江特有鱼类。

64. 长须鲇 *Silurus longibarbatus*, Li, Li, Zhang & He, 2019

分类地位： 鲇形目 Siluriformes 鲇科 Siluridae 鲇属 *Silurus*。

鉴别特征： 体长形，背鳍后部长而侧扁。头宽且钝圆，略平扁。口大，上位。下颌长于上颌。前、后鼻孔相离较远，前鼻孔呈短管状。须 3 对，口角须较长，后伸常及腹鳍。鳃耙 7 ~ 8 条。鳃盖膜不与鳃峡相连。侧线完全。背鳍短小，无硬刺，分枝鳍条 2 ~ 3 根。臀鳍基长，后端与尾鳍相连，臀鳍分枝鳍条 50 ~ 58 根。胸鳍骨质硬刺前缘光滑，后缘具弱锯齿。尾鳍平截或略内凹。体灰色，体侧、头背面散布不规则褐色斑纹，腹部白色。

种群状况： 种群数量较多，个体较小。

地理分布： 分布于广西南宁市上林县大明山溪流，属郁江支流。生活在清澈的水体，水深 0.5 ~ 1.0 m，底质为沙和砾石。

珍稀程度： 西江特有鱼类。

65. 都安鲇 *Silurus duanensis* Hu, Lan & Zhang, 2004

分类地位： 鲇形目 Siluriformes 鲇科 Siluridae 鲇属 *Silurus*。

鉴别特征： 体延长，背鳍以后侧扁。吻圆钝且平扁。口大，次上位，下颌突出于上颌。犁骨齿形成左右各 1 条齿带。眼小。前、后鼻孔分隔较远，前鼻孔呈短管状，向前开口。须 2 对，口角须较长，后伸超过胸鳍起点；颏须较口角须为短。背鳍基短，无硬刺。臀鳍基长，后端与尾鳍相连处有一缺刻。胸鳍硬刺前缘具颗粒状小突起，后缘具弱锯齿。尾鳍近平截或略凹。体棕黄色，背上部略黑；通体无斑纹。

种群状况： 种群数量少，但个体较大。

地理分布： 分布于广西河池市都安县境内的河流，属西江水系的红水河。半穴居性鱼类。

珍稀程度： 西江特有鱼类。

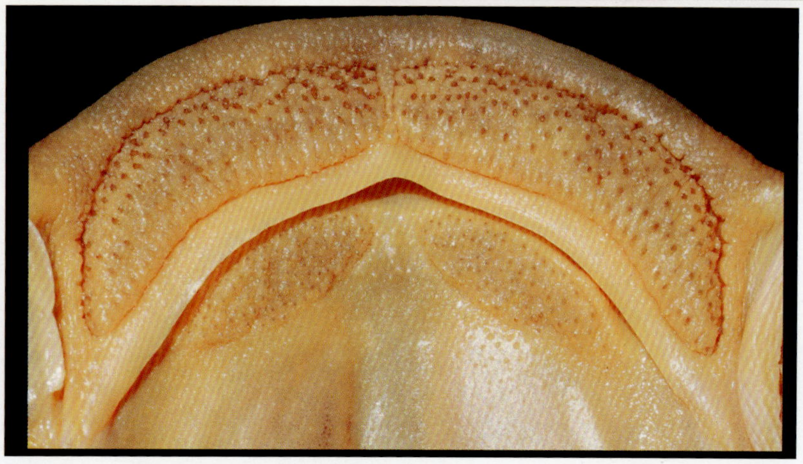

66. 纵带鮠 *Leiocassis argentivittatus* (Regan, 1905)

分类地位： 鲇形目 Siluriformes 鲿科 Bagridae 鮠属 *Leiocassis*。

鉴别特征： 体延长，粗壮。头短，吻钝。口下位，弧形。上颌长于下颌。眼大，侧上位。须粗壮发达，鼻须后伸超过眼后缘，口角须超过胸鳍起点，颏须 2 对。背鳍骨质硬刺后缘光滑或具弱锯齿。脂鳍基短于臀鳍基。臀鳍较短，臀鳍分枝鳍条 12 ~ 15 根。胸鳍硬刺前缘光滑，后缘具强锯齿。尾鳍深分叉。体黄褐色，腹部色浅；体侧有 1 条暗色纵带，前端至吻，后端分叉伸入尾鳍上叶、下叶；体侧上、下各有 1 条黑色纵带。背鳍和脂鳍有暗色斑块。

种群状况： 数量多，为常见种。

地理分布： 分布于红水河、柳江、蒙江、邕江、浔江和桂江。杂食性底层鱼类，以水生昆虫、底栖动物、小鱼虾为食。

珍稀程度： 西江特有鱼类。

67. 蓝氏拟鲿 *Pseudobagrus lani* (Cheng, Shao, López & Zhang, 2021)

分类地位： 鲇形目 Siluriformes 鲿科 Bagridae 拟鲿属 *Pseudobagrus*。

鉴别特征： 体延长，胸部粗圆，向后渐侧扁。头宽而平扁。吻钝圆，宽扁。口下位，闭合时上颌前端稍外露。须细短。体裸露无鳞。侧线完全。背鳍短，背鳍刺后缘有弱锯齿。脂鳍后端圆凸，底部游离。胸鳍有 1 根后缘带锯齿的硬刺。尾鳍发达，后缘圆形或微凹。体褐色，腹部略白。尾鳍、臀鳍边缘灰白色。

种群状况： 种群数量少。

地理分布： 广西来宾市金秀县大瑶山，南宁市上林县大明山，桂江、柳江各支流山区均有分布。以水生昆虫、小鱼、虾为食的杂食性鱼类。生活于山区的溪流，喜水清澈透明、水温较低的环境。

珍稀程度： 西江特有鱼类。

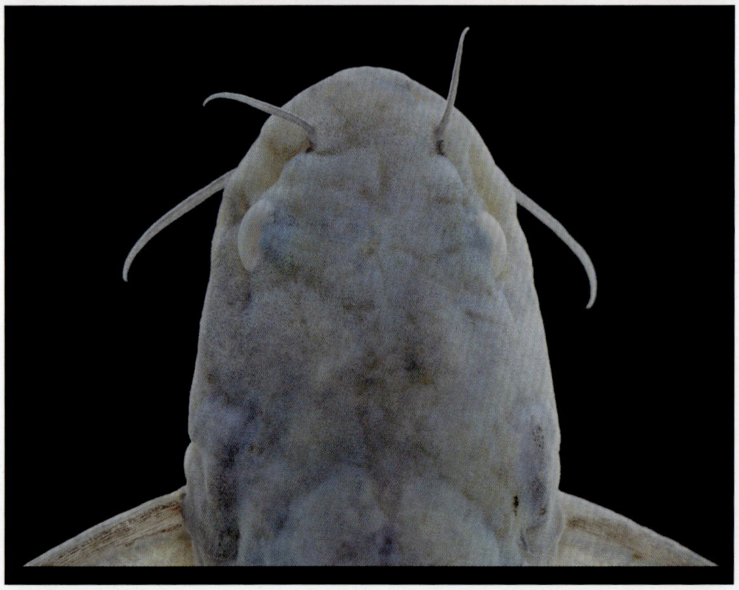

68. 钝吻细齿鲂 *Microdous amblyrhynchos* Hu, Lan & Li, 2023

分类地位： 鲈形目 Perciformes 沙塘鳢科 Odontobutidae 细齿鲂鱼属 *Microdous*。

鉴别特征： 体延长，前段近圆筒形，后段侧扁。吻钝。口裂中等大，下颌稍突出。上、下颌各具 5 排圆锥形绒毛状细齿。前、后鼻孔分离，前鼻孔有短管。前鳃盖骨后缘光滑无硬棘。无侧线，纵列鳞 42 ~ 46 枚，横列鳞 14 ~ 16 枚。背鳍 2 个，分离，相距较近；第 1 背鳍全为鳍棘。腹鳍起点在胸鳍基部下方，左、右腹鳍相互靠近。尾鳍圆形。体棕色，头侧部及鳃盖膜暗黑色，体侧有由细小黑褐色斑点组成的 5 ~ 6 个暗色斑块。胸鳍基底上部有一黑斑。背鳍、尾鳍有由黑点组成的条纹。

种群状况： 种群数量多，是小型经济鱼类之一。

地理分布： 分布于左江、右江、红水河。栖息于水温较低的山区溪流，以水生昆虫、小鱼、虾为食。

珍稀程度： 西江特有鱼类。

69. 蓝氏新沙塘鳢 *Neodontobutis lani* Zhou & Li, 2022

分类地位： 鲈形目 Perciformes 沙塘鳢科 Odontobutidae 新沙塘鳢属 *Neodontobutis*。

鉴别特征： 体延长，粗壮，前躯近圆筒形，后躯侧扁。头大，平扁。口亚上位。眼间距为眼径的 1.4 ~ 1.9 倍。左右鳃盖膜不相连。头部无感觉管孔，但有须状感觉乳突；下颌腹面前端的感觉乳突聚集成椭圆状。无侧线。身体鳞片后缘具多行生长栉鳞。背鳍 2 个，分离；第 2 背鳍具 1 根鳍棘，9 根鳍条。臀鳍起点位于第 2 背鳍起点之后。胸鳍宽圆，扇形。左、右腹鳍小，相互靠近，不愈合成吸盘。尾鳍近圆形。身体灰褐色，体侧有 3 ~ 4 个大斑块，斑块在体侧下方相连接。尾鳍基部具一黑色斑纹，各鳍具褐色斑纹组成的条带。

种群状况： 种群数量少。

地理分布： 分布于广西崇左市龙州县境内西江水系左江支流中上游。底层鱼类，生活于沙滩及河岸边杂草丛生处。

珍稀程度： 西江特有鱼类。

第五篇　山溪珍稀鱼类

1. 无斑南鳅 *Schistura incerta* (Nichols, 1931)

分类地位： 鲤形目 Cypriniformes 条鳅科 Nemacheilidae 南鳅属 *Schistura*。

鉴别特征： 体延长，吻圆钝。口下位。唇薄，唇面具浅皱。上颌中部有一齿状突起；下颌匙状，前缘中部有一“V”形缺刻。须 3 对。身体被细鳞。侧线完全。生活时体淡黄色，头和身体的背侧部深褐色，通体无斑纹。

种群状况： 种群数量少。

地理分布： 广西境内的红水河、柳江、左江、右江、桂江等水系均有分布。喜栖息于水流并有砾石的浅滩和溪流。

珍稀程度： 支流山溪里的珍稀鱼类。

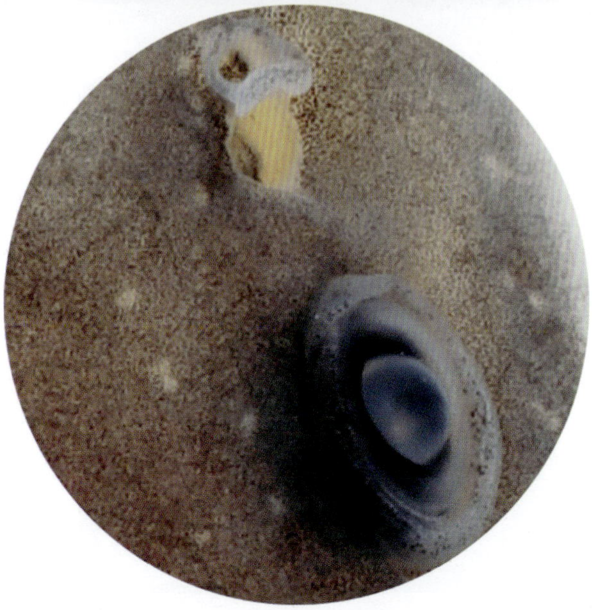

2. 异鱲 *Parazacco spilurus* (Günther, 1868)

分类地位： 鲤形目 Cypriniformes 鲤科 Cyprinidae 异鱲属 *Parazacco*。

鉴别特征： 体形细长，侧扁。口裂向下倾斜。侧线完全。背鳍短，位于腹鳍起点之后；腹鳍基部至肛门有明显的腹棱；臀鳍起点略后于背鳍基后缘，雄性臀鳍鳍条延长；尾鳍叉形。体侧自鳃孔至尾鳍基有 1 条墨绿色纵带，后部显著；臀鳍与腹鳍橙黄色；尾鳍基具一大黑斑。

种群状况： 种群数量少。

地理分布： 分布于广西大明山国家级自然保护区的南宁市上林县、武鸣区及其周边溪流。生活于山涧溪流、水质清澈的环境。

珍稀程度： 支流山溪里的珍稀鱼类。

雄

雄

3. 南方波鱼 *Rasbora steineri* Nichols & Pope, 1927

分类地位： 鲤形目 Cypriniformes 鲤科 Cyprinidae 波鱼属 *Rasbora*。

鉴别特征： 体侧扁，腹部圆。头稍尖。吻短钝。口上位，下颌稍突出，向上倾斜；口前端有突起与上颌凹陷相吻合。唇薄。无须。眼大。体被中等大的圆鳞，侧线完全，前部下弯，侧线鳞 27 ~ 29 枚。背鳍无硬刺。尾鳍深叉形。体侧扁，体背面较平直，头的背部较宽平。背鳍分枝鳍条 7 根，臀鳍分枝鳍条 5 根。生活时背部灰色，腹部银白色。体侧沿中轴线至尾鳍基有 1 条黑色纵纹。

种群状况： 有一定种群数量，但体型小，经济价值不大。

地理分布： 河池市宜州区、都安县和大化县境内，以及广西防城港市上思县、玉林市博白县均有分布。生活于水体上层，喜集群。

珍稀程度： 支流山溪里的珍稀鱼类。

4. 尖头大吻鱥 *Rhynchocypris oxycephalus* (Sauvage & Dabry de Thiersant, 1874)

分类地位： 鲤形目 Cypriniformes 鲤科 Cyprinidae 大吻鱥属 *Rhynchocypris*。

鉴别特征： 体延长，略侧扁，腹部圆。吻钝。口下位，下唇褶皱发达。背鳍起点位于腹鳍起点之后；胸鳍短；尾鳍凹入。鳞小，侧线完全，侧线鳞 63 ~ 83 枚。体具不规则的黑色小点，尾鳍基具一黑色小点组成的横纹，各鳍浅灰色。

种群状况： 分布地有一定种群数量，但个体小。

地理分布： 分布于广西桂林市资源县，柳江水系。生活于高海拔溪流的冷水性鱼类。

珍稀程度： 支流山溪里的珍稀鱼类。

5. 伍氏半䱗 *Hemiculterella wui* (Wang, 1935)

分类地位： 鲤形目 Cypriniformes 鲤科 Cyprinidae 半䱗属 *Hemiculterella*。

鉴别特征： 体长形，侧扁。口端位，口裂斜，上、下颌约等长。背鳍起点位于腹鳍起点之后，分枝鳍条 7 根；胸鳍后伸不达腹鳍起点；腹鳍末端不达肛门；臀鳍外缘平截，分枝鳍条 11 ~ 12 根；尾鳍深分叉。腹棱存在于腹鳍与肛门之间。侧线完全，侧线前部向下倾斜，至胸鳍末端急弯折，侧线鳞 49 ~ 56 枚。固定标本体浅褐色，体侧上部及背部颜色略深。

种群状况： 数量少。

地理分布： 分布于广西河池市巴马县的盘阳河。资料记载在桂林市兴安县、阳朔县和南宁横州市也有分布。为杂食性鱼类，生活于水体中上层。

珍稀程度： 支流山溪里的珍稀鱼类。

6. 间䱻 *Hemibarbus medius* Yue, 1995

分类地位： 鲤形目 Cypriniformes 鲤科 Cyprinidae 䱻属 *Hemibarbus*。

鉴别特征： 体延长，腹部圆。吻略尖。口下位。唇薄，下唇分 3 叶；唇后沟中断。口角须 1 对。鳞片中等大小，侧线鳞 47 ~ 50 枚。背鳍具光滑的硬刺，长度短于头长。尾鳍叉形。第一鳃弓外侧鳃耙 6 ~ 10 条。背部和体侧呈银灰色，上部较暗。体侧在侧线上方有 6 ~ 12 个大黑斑，各鳍散布许多小黑斑。

种群状况： 有一定种群数量，为小型经济鱼类。

地理分布： 红水河、柳江、桂江、右江、左江均有分布。多生活于支流的小河，底层鱼类，杂食性。

珍稀程度： 支流山溪里的珍稀鱼类。

7. 小鳈 *Sarcocheilichthys parvus* Nichols, 1930

分类地位：鲤形目 Cypriniformes 鲤科 Cyprinidae 鳈属 *Sarcocheilichthys*。

鉴别特征：体小，稍侧扁，腹部圆。头小。口小，亚下位。唇薄，唇后沟中断；下颌前缘具发达的角质边缘。背鳍起点位于腹鳍起点之前，末根不分枝鳍条柔软，分枝鳍条 7 根；臀鳍分枝鳍条 6 根；尾鳍凹入。体被鳞，侧线完全，平直，侧线鳞 35 ~ 36 枚。生活时体暗褐色，略黄，腹部白色。体侧沿侧线具纵行黑带 1 条，其宽度略小于眼径。雄性在繁殖季节背鳍、腹鳍、臀鳍变红，鳃盖及峡部淡黄色，吻部两侧具珠星。

种群状况：种群数量少。

地理分布：分布于柳江水系支流武阳江。喜栖息于杂草丛生、水流缓慢的河流中，杂食性。

珍稀程度：支流山溪里的珍稀鱼类。

雌

雄

8. 片唇鮈 *Platysmacheilus exiguous* (Lin, 1932)

分类地位： 鲤形目 Cypriniformes 鲤科 Cyprinidae 片唇鮈属 *Platysmacheilus*。

鉴别特征： 体延长，稍近圆筒形。头小，其长约稍小于体高。口下位，弧形；上、下颌有角质边缘。唇发达，具乳突；下唇不分叶，向后伸展连成一整片，后端游离，分裂稍呈流苏状。口角须1对，其长度小于眼径。背鳍无硬刺，起点位于腹鳍起点之前，分枝鳍条8根；胸鳍长，后伸超过背鳍起点的垂直下方；臀鳍外缘略凸，分枝鳍条6根；尾鳍凹入，上、下圆钝。侧线完全，几乎平直，侧线鳞37~41枚。体背、体侧暗灰色，腹鳍略白；横跨背部有5个大黑斑，体侧沿侧线有5~7个黑斑。

种群状况： 种群数量少。

地理分布： 分布于柳江、桂江。生活于山涧溪流中，喜水质清澈、水温较低的环境。

珍稀程度： 支流山溪里的珍稀鱼类。

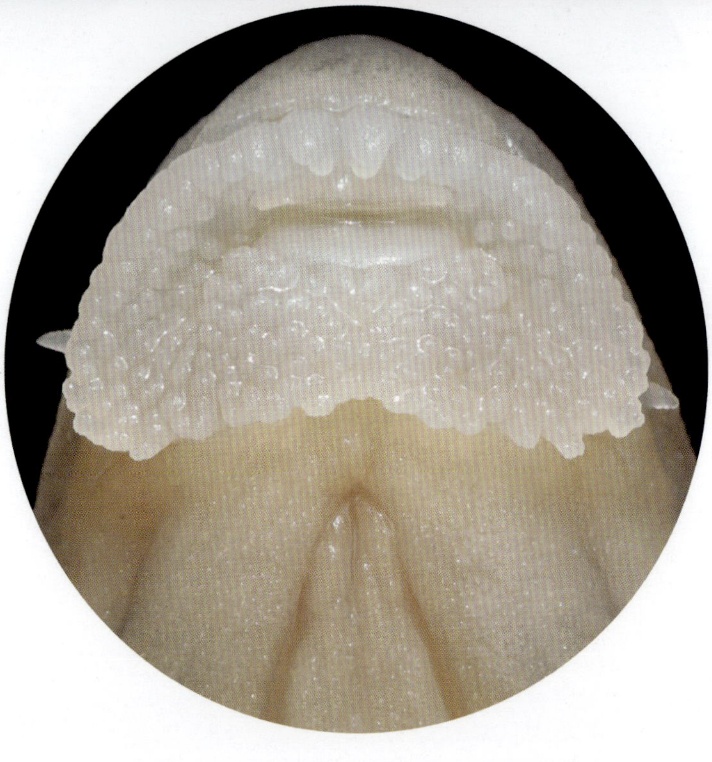

9. 棒花鱼 *Abbottina rivularis* (Basilewsky, 1855)

分类地位： 鲤形目 Cypriniformes 鲤科 Cyprinidae 棒花鱼属 *Abbottina*。

鉴别特征： 体延长，前躯近圆筒形，尾部侧扁。头钝。吻较长，在鼻孔前缘间隔处有凹陷。口小，下位。唇厚、发达，下唇中叶为 1 对紧靠在一起的卵圆形肉质突起，两侧叶光滑而较大。须 1 对。背鳍无硬刺。胸部无鳞。侧线完全，平直；侧线鳞 35 ~ 39 枚，背下咽齿 1 行。生活时体黄褐色，背部及体侧略暗，腹部浅白色；全身散布不规则小黑斑，体侧沿侧线有 7 ~ 9 个略大于眼径的黑斑；体背有 5 个黑斑；吻端至眼前缘有一黑色条纹。

种群状况： 有一定种群数量，为小型经济鱼类。

地理分布： 分布广，红水河、桂江、柳江、右江、左江各支流均有分布。底层鱼类，沙底、石砾、泥底均能适应。

珍稀程度： 支流山溪里的珍稀鱼类。

10. 福建小鳔鮈 *Microphysogobio fukiensis* (Nichols, 1926)

分类地位： 鲤形目 Cypriniformes 鲤科 Cyprinidae 小鳔鮈属 *Microphysogobio*。

鉴别特征： 体延长；头腹面及胸部较平坦，腹部稍圆。吻圆钝。口下位，马蹄形。唇发达，具乳突；上唇中央具 1 对圆形乳突，边缘分裂；下唇有 2 个圆形突起。口角须 1 对。眼大，侧上位。背鳍末根不分枝鳍条柔软、光滑，背鳍后伸不达臀鳍起点上方；胸鳍后伸不达腹鳍；臀鳍分枝鳍条 5 根；尾鳍凹入。鳞片较大，侧线完全，侧线鳞 35 ~ 37 枚。体棕褐色，腹部淡棕色；鳃盖上有一小黑斑；体侧沿侧线约有 9 个黑色斑纹；背鳍、胸鳍和尾鳍上有小黑斑并排列成条纹。

种群状况： 有一定种群数量，但个体小。

地理分布： 桂江、柳江、红水河、右江、左江各水系均有分布。喜栖息于河流的沙滩急流处。

珍稀程度： 支流山溪里的珍稀鱼类。

11. 乐山小鳔鮈 *Microphysogobio kiatingensis* (Wu, 1930)

分类地位： 鲤形目 Cypriniformes 鲤科 Cyprinidae 小鳔鮈属 *Microphysogobio*。

鉴别特征： 体较长，头部腹面较平；体长为体高的 6 倍以下；吻短，头部在鼻孔前方稍凹陷。口下位。唇具发达乳突，下唇中央有 2 个较大的突起。口角须 1 对。鳞较大，侧线完全。背鳍短。腹鳍起点约在胸鳍基与臀鳍起点之间的中点，末端不达臀鳍；臀鳍分枝鳍条 6 根；尾鳍深分叉。生活时体灰棕褐色，腹部银白色，背部有 5 ~ 6 个大黑斑；除臀鳍外，各鳍散布黑斑。

种群状况： 种群数量少，个体小。

地理分布： 柳江、桂江的大小支流均有分布。生活于浅水沙滩，水缓流处。

珍稀程度： 支流山溪里的珍稀鱼类。

12. 嘉积小鳔鮈 *Microphysogobio kachekensis* (Oshima, 1926)

分类地位： 鲤形目 Cypriniformes 鲤科 Cyprinidae 小鳔鮈属 *Microphysogobio*。

鉴别特征： 体较长，头部腹面较平。体长为体高的 6 倍以下。头大，体长为头长的 4 倍左右。吻短，头部在鼻孔前方稍凹陷。口下位。唇具发达乳突；下唇中央有 2 个较大的突起。口角须 1 对。鳞较大，侧线完全。背鳍短；腹鳍起点约在胸鳍基与臀鳍起点之间的中点，末端不达臀鳍；臀鳍分枝鳍条 6 根；肛门靠前，在腹鳍与臀鳍间前端的 1/4 处；尾鳍深分叉。生活时体灰棕褐色，腹部略白；侧线鳞片后缘有黑斑，侧线以上的部分鳞片也有黑色后缘；体侧沿侧线有 8 ~ 10 个如同眼大小的黑斑，背部正中有 5 个大黑斑。

种群状况： 数量多但个体小，为常见的小型鱼类。

地理分布： 柳江、桂江均有分布。栖息于河滩浅水区。

珍稀程度： 支流山溪里的珍稀鱼类。

13. 洞庭小鳔鮈 *Microphysogobio tungtingensis* (Nichols, 1926)

分类地位： 鲤形目 Cypriniformes 鲤科 Cyprinidae 小鳔鮈属 *Microphysogobio*。

鉴别特征： 体细长；头腹面及胸部较平坦，腹部稍圆。头长大于体高。吻圆钝。口下位，马蹄形。唇薄，具乳突，上唇边缘分裂；下唇前缘有 2 个圆形突起，侧叶较小。口角须 1 对。眼大，侧上位。背鳍末根不分枝鳍条柔软、光滑；胸鳍后伸超过背鳍起点下方，不达腹鳍；臀鳍分枝鳍条 6 根；尾鳍深分叉。鳞片较大，侧线完全，侧线鳞 38 ~ 39 枚。体棕褐色，腹部淡棕色；体侧沿侧线有 7 ~ 9 个黑色斑纹，背部正中有 5 个黑斑；背鳍、胸鳍和尾鳍上有小黑斑并排列成条纹。

种群状况： 种群数量少。

地理分布： 广西的柳江、桂江支流有分布。生活于河滩浅水区，喜流水环境。

珍稀程度： 支流山溪里的珍稀鱼类。

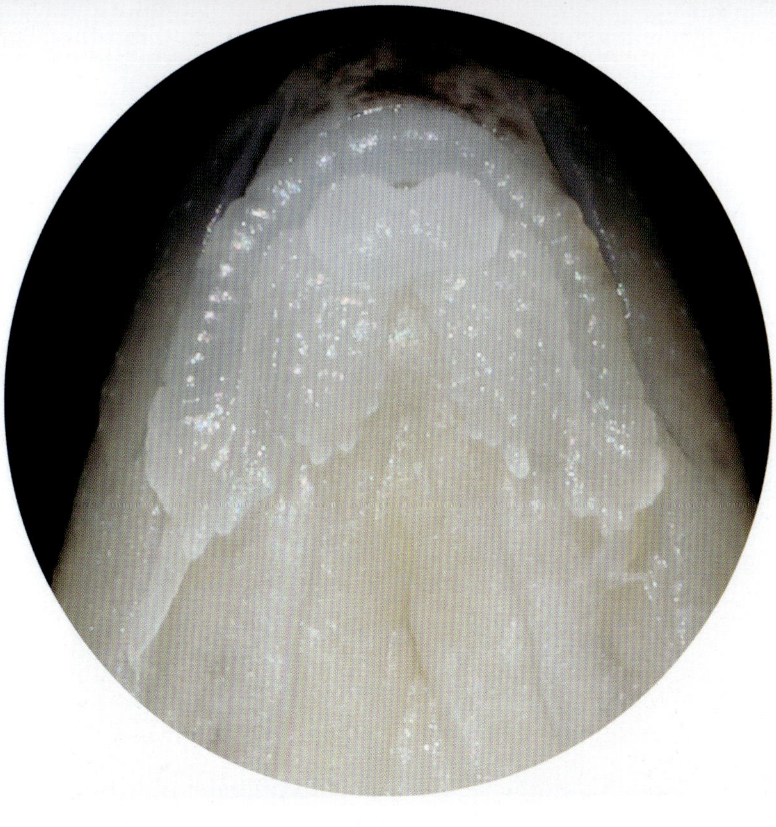

14. 建德小鳈鮈 *Microphysogobio tafangensis* (Wang, 1935)

分类地位： 鲤形目 Cypriniformes 鲤科 Cyprinidae 小鳈鮈属 *Microphysogobio*。

鉴别特征： 体延长，前躯粗壮；头腹面及胸部较平坦，腹部稍圆。吻圆钝。口下位，马蹄形。唇发达，具乳突，上唇边缘分裂；下唇中央有 2 个圆形突起，侧叶发达。口角须 1 对。眼大，侧上位。背鳍长，后伸接近或超过臀鳍起点上方，末根不分枝鳍条柔软、光滑；胸鳍后伸接近背鳍起点，不达腹鳍；臀鳍分枝鳍条 6 根；尾鳍深分叉。鳞片较大，侧线完全。体棕褐色，腹部淡棕色；鳃盖上有一小黑斑；体侧沿侧线约有 8 个黑色斑纹；胸鳍和尾鳍上有小黑斑并排列成条纹。雄性繁殖季节背鳍变红。

种群状况： 种群数量少。

地理分布： 在广西的柳江、桂江支流有分布。生活于急流的山溪、小河沟。

珍稀程度： 支流山溪里的珍稀鱼类。

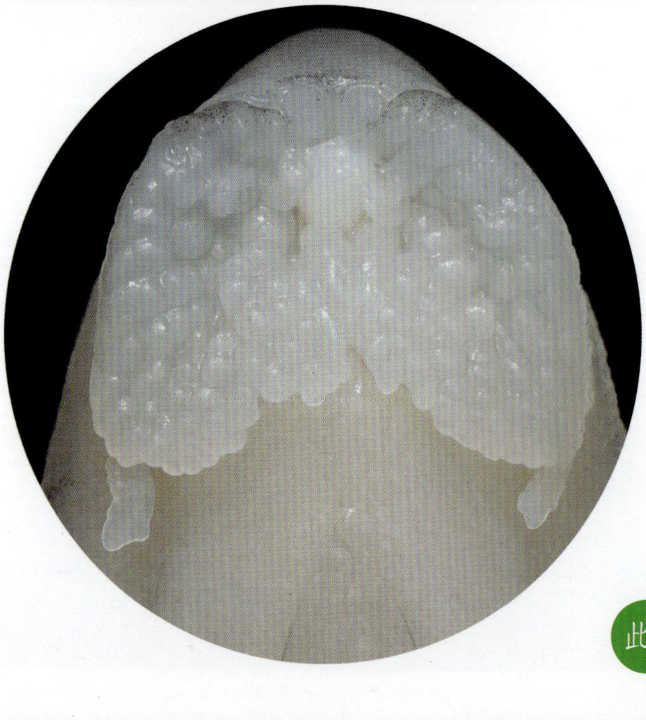

雌

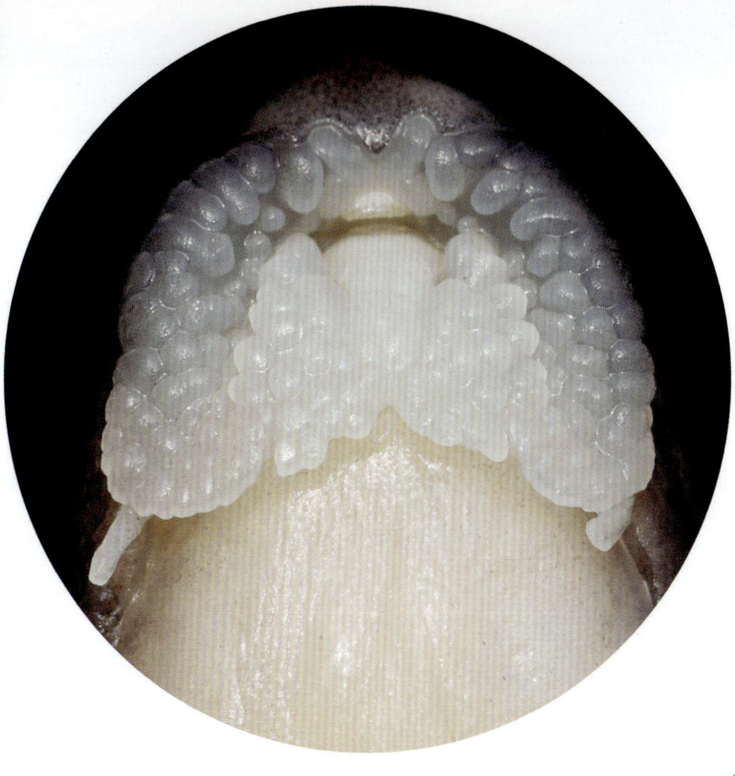

雄

15. 长体小鳔鮈 *Microphysogobio elongatus* (Yao & Yang, 1977)

分类地位： 鲤形目 Cypriniformes 鲤科 Cyprinidae 小鳔鮈属 *Microphysogobio*。

鉴别特征： 体较长，头部腹面较平。头长大于体高。吻短，头部在鼻孔前方稍凹陷。口下位。唇具发达乳突，下唇中央有 2 个较大的突起。口角须 1 对。背鳍短；腹鳍起点约在胸鳍基与臀鳍起点间之中点，末端不达臀鳍；胸鳍长，接近腹鳍起点；臀鳍分枝鳍条 6 根；尾鳍分叉。鳞片较大，侧线完全，侧线鳞 36～37 枚。生活时体灰棕褐色，腹部略白；侧线鳞片后缘有黑斑，侧线以上的部分鳞片也有黑色后缘，体侧沿侧线有 8～10 个黑斑。

种群状况： 种群数量少。

地理分布： 红水河、柳江、桂江支流有分布。栖息于河流浅水区。

珍稀程度： 支流山溪里的珍稀鱼类。

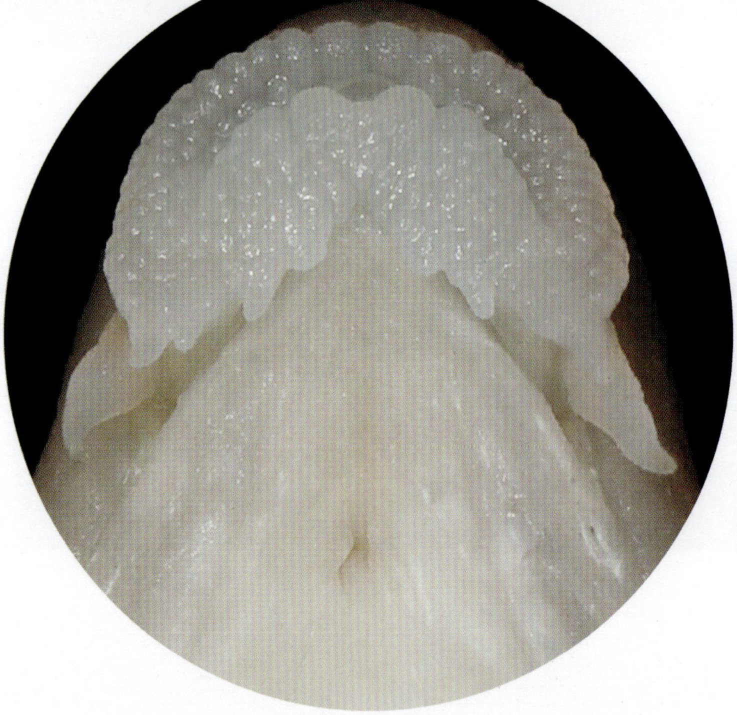

16. 厚唇光唇鱼 *Acrossocheilus labiatus* (Regan, 1908)

分类地位： 鲤形目 Cypriniformes 鲤科 Cyprinidae 光唇鱼属 *Acrossocheilus*。

鉴别特征： 体延长，侧扁。口小，下位。下颌前端露出唇外。下唇分左右两瓣，在颏部中央相互接触或靠近。上、下唇在口角处相连，唇后沟深，左右不相连。须 2 对，口角须后伸达眼中央的下方。鳞片中等大，侧线鳞 38～41 枚。背鳍末根不分枝鳍条不变粗，后缘光滑。体侧具 6 条跨侧线的垂直黑色条纹，背鳍鳍条间膜有黑色条纹。

种群状况： 数量多，为山区小型经济鱼类。

地理分布： 红水河、柳江、桂江各支流均有分布。生活于急流的山区溪流，主要以固着藻类为食。

珍稀程度： 支流山溪里的珍稀鱼类。

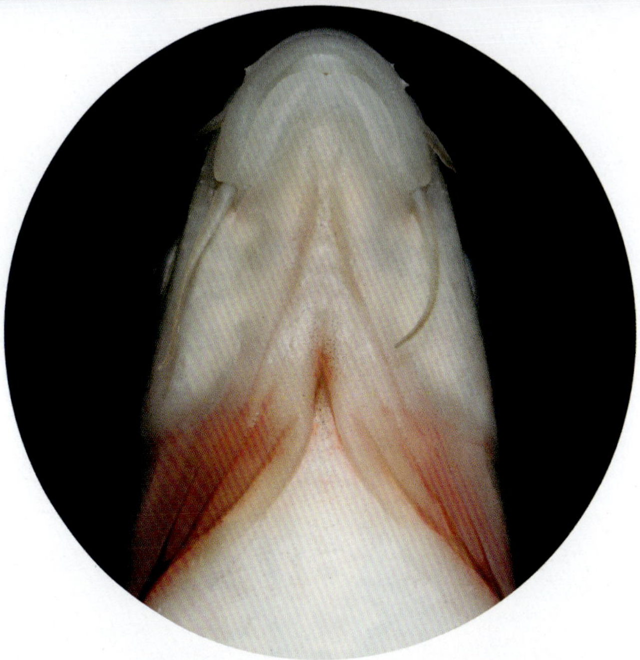

17. 北江光唇鱼 *Acrossocheilus beijiangensis* Wu & Lin, 1977

分类地位： 鲤形目 Cypriniformes 鲤科 Cyprinidae 光唇鱼属 *Acrossocheilus*。

鉴别特征： 体长，侧扁。口亚下位。上、下唇连于口角，下唇两侧瓣间有缝隙。下颌突出于下唇之外。唇后沟中断。须 2 对。鳞片中等大，侧线鳞 39 ~ 41 枚。背鳍末根不分枝鳍条为硬刺，后缘具锯齿。体侧具 5 条垂直黑色条纹，下伸超过侧线，每条占 3 ~ 4 列鳞片。臀鳍及尾鳍灰黑色，尾鳍有分散小黑点。

种群状况： 有一定的种群数量，是产地经济鱼类之一。

地理分布： 红水河、柳江、桂江各支流均有分布。生活于水面较开阔的河流，杂食性。

珍稀程度： 支流山溪里的珍稀鱼类。

18. 细身白甲鱼 *Onychostoma elongatum* (Pellegrin & Chevey, 1934)

分类地位： 鲤形目 Cypriniformes 鲤科 Cyprinidae 白甲鱼属 *Onychostoma*。

鉴别特征： 体细长，侧扁；尾柄较细。吻钝，顶端具珠星；吻皮与上唇分离。口下位，横裂。下颌具锐利的角质前缘。无须。鳞片中等大，背鳍前鳞 12 ~ 15 枚；侧线完全，侧线鳞 46 ~ 48 枚。背鳍末根不分枝鳍条柔软不变粗，后缘无锯齿；尾鳍深分叉，尾鳍最长鳍条约为中央最短鳍条的 3 倍。体浅黄色，体侧沿侧线有 1 条暗色条纹，臀鳍、背鳍和尾鳍边缘淡红色。

种群状况： 种群数量较少。

地理分布： 在广西分布于左江、右江的支流。喜生活于流水环境的溪流。

珍稀程度： 支流山溪里的珍稀鱼类。

19. 泉水鱼 *Pseudogyrinocheilus prochilus* (Sauvage & Dabry de Thiersant, 1874)

分类地位： 鲤形目 Cypriniformes 鲤科 Cyprinidae 泉水鱼属 *Pseudogyrinocheilus*。

鉴别特征： 体前部近圆筒形，后部侧扁。头高等于头宽。吻圆钝，向前突出；吻皮下包，在上颌之前形成口前室，在口角处与下唇相连；吻皮表面有排列整齐的小乳突。下唇发达，表面具乳突，唇后沟中断，仅限于口角处。须 2 对，吻须长约与眼径相等。鳞片中等大，腹鳍之前的胸腹部鳞片都隐于皮下。侧线平直，侧线鳞 45 ~ 48 枚。体灰黑色；体侧上部鳞片的基部具黑点，在体侧连成若干纵行条纹；胸鳍中部的上方常具一不显著的黑斑。

种群状况： 有一定种群数量，为分布地的经济鱼类之一。

地理分布： 西江仅见分布于红水河上游支流。底层鱼类，喜流水环境，生活于小河及其支流。

珍稀程度： 支流山溪里的珍稀鱼类。

20. 云南盘鮈 *Discogobio yunnanensis* (Regan, 1907)

分类地位： 鲤形目 Cypriniformes 鲤科 Cyprinidae 盘鮈属 *Discogobio*。

鉴别特征： 体小、粗壮，前部呈圆筒形。吻部圆钝，常具细小颗粒状珠星。口下位。吻皮下包，盖于上颌。吻皮与上颌分离，上唇消失。下颌与下唇分离，下唇宽阔，有吸盘，吸盘中央为一小而光滑的肉质垫，垫前面及两侧有隆起的皮褶，呈马蹄形，下唇后缘游离。须 2 对，短于眼径。腹面近胸部鳞片小，埋于皮下，胸鳍基部前裸露。背鳍无硬刺，外缘微凹；胸鳍后伸不达背鳍起点下方；腹鳍起点与背鳍第 4～5 根分枝鳍条相对，后伸可达臀鳍基；尾鳍叉形。体背部及侧面棕黑色，腹部灰白色。尾鳍上、下侧各具一黑色条纹。

种群状况： 有一定种群数量，但个体较小。

地理分布： 广西百色市田林县、凌云县、隆林县有分布。生活于山涧水温较低的溪流环境。

珍稀程度： 支流山溪里的珍稀鱼类。

21. 拟平鳅 *Liniparhomaloptera disparis* (Lin, 1934)

分类地位： 鲤形目 Cypriniformes 爬鳅科 Balitoridae 拟平鳅属 *Liniparhomaloptera*。

鉴别特征： 体延长，前段圆筒形，后段稍侧扁。头部平扁。口下位。下唇具 4 对分叶状乳突，上、下唇在口角处相连。下颌外露。上唇与吻皮间具吻沟。吻褶分 3 叶，中叶较大呈三角形，两侧叶末端尖而略呈须状。吻褶叶间具吻须 2 对。下唇不分叶，边缘具小乳突。口角须 1 对。鳃裂较宽，下缘延伸到头部腹面。体被细鳞，侧线完全。背鳍起点在腹鳍起点的稍前。腹鳍左右分开，1 根不分枝鳍条，13 ~ 15 根分枝鳍条；尾鳍凹形。头背面具黑色小斑点，体背和体侧密布不规则的黑色斑纹，沿体侧中部有 1 条黑色纵带。尾鳍基部中央具 1 条黑色斑纹，各鳍均有由黑色斑点组成的条纹。

种群状况： 在山区的溪流数量多。

地理分布： 分布于广西南宁市武鸣区、上林县的大明山及西江水系各河流、山溪。栖息于急流环境，以岩石上的固着藻类为食。

珍稀程度： 支流山溪里的珍稀鱼类。

1 cm

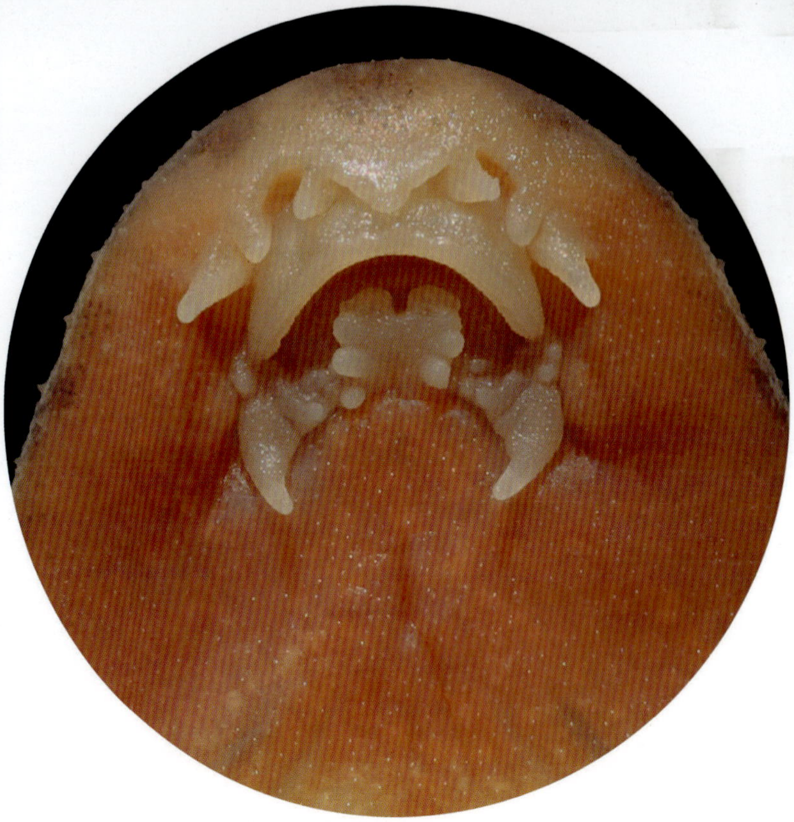

22. 似原吸鳅 *Paraprotomyzon multifasciatus* Pellegrin & Fang, 1935

分类地位： 鲤形目 Cypriniformes 爬鳅科 Balitoridae 似原吸鳅属 *Paraprotomyzon*。

鉴别特征： 体小，前躯平扁，尾部侧扁，腹面平坦。吻端圆钝。口下位，口裂小，呈弧形。吻褶分 3 叶，每叶呈三角形。吻褶叶间具 2 对小吻须。上唇与吻皮间具吻沟；上唇光滑；下唇呈“八”字形，每侧表面具乳突 6 ~ 8 个。下颌前缘外露。口角须 2 对，内侧 1 对须呈乳突状。体被细鳞。侧线完全，侧线鳞 62 ~ 68 枚。背鳍起点位于腹鳍起点之后上方。胸鳍起点在眼后缘的下方，末端超过腹鳍起点，腹鳍起点前于背鳍起点，末端到达或稍超过肛门。胸鳍分枝鳍条 19 ~ 21 根。腹鳍基部背侧具一发达的皮质瓣膜，腹鳍左右分开。尾鳍末端略微凹，下叶稍长。体淡黄色。头背部具密集的黑色小圆斑，横跨背鳍起点之前的背面有 3 个较大的近圆形黄色暗斑。体侧具不规则褐色条纹。背鳍基部前缘具一黑色斑。背鳍和尾鳍具由灰色斑点组成的 2 ~ 3 个不明显条纹。

种群状况： 种群数量少。

地理分布： 分布于广西百色市田林县境内红水河支流的山溪。喜生活在急流河滩处，吸附在砾石、岩石上，刮取固着藻类为食。

珍稀程度： 支流山溪里的珍稀鱼类。

1 cm

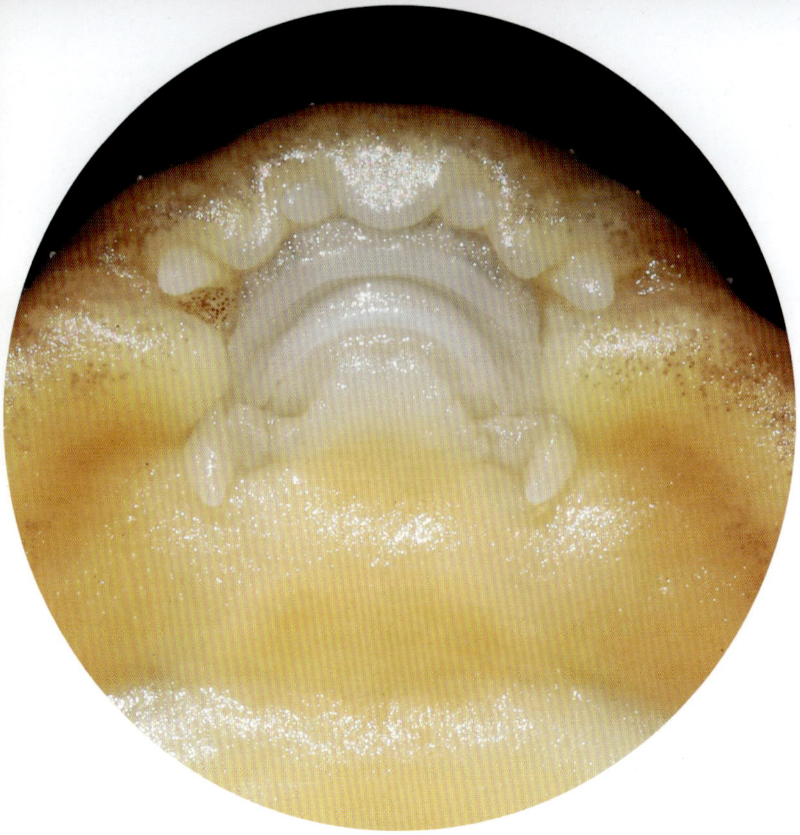

23. 平舟原缨口鳅 *Vanmanenia pingchowensis* (Fang, 1935)

分类地位：鲤形目 Cypriniformes 爬鳅科 Balitoridae 原缨口鳅属 *Vanmanenia*。

鉴别特征：体较细长，前段近圆筒形，后段稍侧扁。吻端圆钝。口下位，口裂较小，呈弧形。下唇前缘表面具 4 个分叶状乳突。上唇与吻端之间具吻沟。吻沟前具吻褶，吻褶分 3 叶。吻褶叶间具吻须 2 对。口角须 2 对。前、后鼻孔相近。眼中等大，侧上位。鳃裂较宽，下缘延伸到头部腹面。体被细鳞。侧线完全。背鳍起点在腹鳍起点之稍前方。胸鳍末端不达腹鳍。腹鳍起点与背鳍第 3 ~ 4 根分枝鳍条相对，腹鳍左右分开，基部背侧具一皮质瓣膜。尾鳍浅凹。体背浅褐色，腹面微黄。头背部具褐色的虫蚀状斑纹，体背部具 7 ~ 9 个马鞍形的黑褐色斑块。各鳍均具由黑色斑点组成的条纹。

种群状况：种群数量多。

地理分布：分布于右江、柳江、红水河和桂江等支流。栖息于岩石、砾石、沙石的河滩，喜急流环境。

珍稀程度：支流山溪里的珍稀鱼类。

1 cm

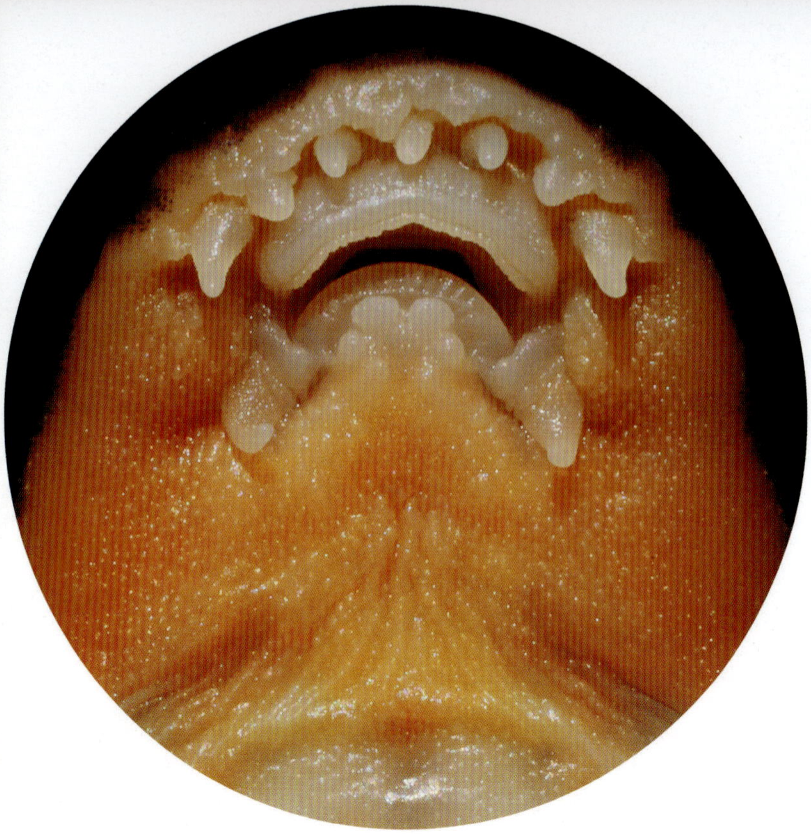

24. 方氏品唇鳅 *Pseudogastromyzon fangi* (Nichols, 1931)

分类地位： 鲤形目 Cypriniformes 爬鳅科 Balitoridae 拟腹吸鳅属 *Pseudogastromyzon*。

鉴别特征： 体延长，背缘略隆起，腹部平坦。吻圆钝，吻背侧具刺状疣突。口下位，口裂较大，呈马蹄形。唇肉质，表面具细小乳突；下唇吸附器呈“品”字形。上唇与吻端之间具吻沟。吻褶分 3 叶，各叶边缘分裂出须状乳突。吻褶叶间具吻须 2 对。口角须 1 对。鳃裂小。体被细鳞。侧线完全。背鳍起点约与腹鳍起点相对。胸鳍起点在眼后缘的垂直下方，末端超过腹鳍起点。腹鳍左右分开，基部背面具一皮质瓣膜。尾鳍略凹或斜截，下叶稍长。体背棕色，腹面微黄；头背及背鳍之前的体背侧具黑色小圆点，背鳍后的体侧具不规则暗色横纹 11 条左右，背鳍边缘黑色；胸鳍、腹鳍和尾鳍鳍膜具黑色斑点；尾鳍具由黑色斑点组成的条纹。

种群状况： 种群数量多。

地理分布： 分布于桂江和柳江上游支流。栖息于沙石底的河滩、山区溪涧。

珍稀程度： 支流山溪里的珍稀鱼类。

1 cm

25. 中华纹胸鮡 *Glyptothorax sinensis* (Regan, 1908)

分类地位： 鲇形目 Siluriformes 鮡科 Sisoridae 纹胸鮡属 *Glyptothorax*。

鉴别特征： 体粗短。头宽而平扁。吻宽，平扁。口下位。须 4 对。胸部在鳃孔下后方有纹状吸着器。侧线完全。背鳍短，其硬刺粗壮，后缘具弱锯齿，背鳍起点位于腹鳍之前上方。脂鳍短而高。臀鳍短。胸鳍水平伸展，硬刺内缘有锯齿。尾鳍叉形。体橄榄色。背鳍起点有鞍状黄色斑，背鳍和脂鳍下方具灰黑色横斑，尾鳍基部均有不明显的暗斑。

种群状况： 种群数量少，但分布较广。

地理分布： 红水河、桂江、柳江、左江、右江均有分布。喜生活在河流源头山区溪流水体。

珍稀程度： 支流山溪里的珍稀鱼类。

1 cm

26. 等颌鲀 *Liobagrus aequilabris* Wright & Ng, 2008

分类地位： 鲇形目 Siluriformes 钝头鮠科 Amblycipitidae 鲀属 *Liobagrus*。

鉴别特征： 体延长。头宽而扁。吻钝圆，两颊鼓起。口横裂，上颌长于下颌。须4对。前、后鼻孔接近。犁骨齿带1行。背鳍小，有皮膜覆盖。脂鳍后端与尾鳍相连。胸鳍刺光滑无锯齿。尾鳍圆形。体棕黄色，腹面颜色略淡，臀鳍与尾鳍有淡色窄边。

种群状况： 种群数量少。

地理分布： 分布于西江水系的柳江、桂江。生活在山溪、小河，河底多为砾石、沙石河段。

珍稀程度： 支流山溪里的珍稀鱼类。

1 cm

27. 条纹鮠 *Leiocassis virgatus* (Oshima, 1926)

分类地位： 鲇形目 Siluriformes 鲿科 Bagridae 鮠属 *Leiocassis*。

鉴别特征： 体延长，前部略粗壮，后部侧扁。头钝。口下位。须 4 对，均细弱。背鳍短小，骨质硬刺后缘具细弱锯齿。胸鳍硬刺前缘光滑，后锯缘齿发达。尾鳍深分叉，上、下叶等长，末端圆钝。体侧和尾鳍两叶各有 1 条暗色纵带纹。

种群状况： 数量较少。

地理分布： 西江水系各河流均有分布。杂食性小型鱼类，以小鱼、虾为主要食物。

珍稀程度： 支流山溪里的珍稀鱼类。

28. 中华沙塘鳢 *Odontobutis sinensis* Wu, Chen & Chong, 2002

分类地位： 鲈形目 Perciformes 沙塘鳢科 Odontobutidae 沙塘鳢属 *Odontobutis*。

鉴别特征： 体延长，粗壮，前段近圆筒形，向后渐侧扁。头大，平扁，颊部突出。口端位。上、下颌各有多行绒毛状细小齿。犁骨和腭骨无齿。舌大，游离，前端圆形。眼上缘具有细弱骨质嵴。无侧线。背鳍 2 个，分离；第 2 背鳍具 1 根鳍棘，7 ~ 10 根鳍条。臀鳍与第 2 背鳍相对。胸鳍宽圆，扇形。左、右腹鳍小，相互靠近，不愈合成吸盘。尾鳍半椭圆形或圆形。体背黑褐色，向腹侧渐呈淡黄色。头侧及腹面有许多浅褐色及黑色相间的斑块和点纹。体侧有 3 ~ 4 个大三角形的黑褐色斑块，斑块在体侧下方相连接。胸鳍基部有 2 个长条状黑褐色大斑点。

种群状况： 种群数量多。

地理分布： 左江、邕江、桂江、柳江等河流，广西十万大山、大明山均有分布。小型底层鱼类，生活于河沟及湖泊中的底层，喜藏于岩石缝隙等隐蔽之处。

珍稀程度： 支流山溪里的珍稀鱼类。

2 cm

29. 小黄黝鱼 *Micropercops cinctus* (Dabry & Thiersant, 1872)

分类地位：鲈形目 Perciformes 沙塘鳢科 Odontobutidae 小黄黝鱼属 *Micropercops*。

鉴别特征：体细长，侧扁。头较大，略平扁。口上位。上、下颌各有 5 排圆锥形绒毛状齿。腭骨无齿。鼻孔 2 个，分离。头部具感觉管及感觉管孔。无侧线，纵列鳞 28 ~ 32 枚。背鳍 2 个，分离；第 1 背鳍具 7 ~ 8 根鳍棘；第 2 背鳍具 1 根鳍棘，10 ~ 12 根鳍条。胸鳍大，长圆形。肛门与第 2 背鳍起点相对。尾鳍椭圆形。体侧有 12 ~ 16 条不明显的黑褐色宽横带。

种群状况：种群数量多。

地理分布：分布于左江、南盘江。小型底栖鱼类，喜生活在静水环境。

珍稀程度：支流山溪里的珍稀鱼类。

30. 萨氏华黝鱼 *Sineleotris saccharae* Herre, 1940

分类地位： 鲈形目 Perciformes 沙塘鳢科 Odontobutidae 华黝鱼属 *Sineleotris*。

鉴别特征： 体细长，侧扁。头较大。口上位。上、下颌各有 5 排圆锥形绒毛状齿。腭骨无齿。鼻孔 2 个，分离。头部具感觉管及感觉管孔。无侧线，纵列鳞 34 ~ 36 枚。背鳍 2 个，分离；第 1 背鳍具 9 根鳍棘；第 2 背鳍具 1 根鳍棘，13 根鳍条。胸鳍大，长圆形。肛门与第 2 背鳍起点相对。尾鳍椭圆形。体侧有不明显的黑褐色宽横带，胸鳍基部具一小黑斑。

种群状况： 种群数量多。

地理分布： 十万大山和大明山溪流均有分布。淡水小型底栖鱼类，栖息于水温较低的山区溪流，水质好，清澈透明，多岩石、砾石环境。以水生昆虫、小鱼、虾为食。

珍稀程度： 支流山溪里的珍稀鱼类。

31. 海南新沙塘鳢 *Neodontobutis hainanensis* (Chen, 1985)

分类地位： 鲈形目 Perciformes 沙塘鳢科 Odontobutidae 新沙塘鳢属 *Neodontobutis*。

鉴别特征： 体延长，侧扁。头大，上吻部有皮质突起。口端位，下颌稍突出。无侧线。纵列鳞 28 ~ 32 枚，横列鳞 10 ~ 11 枚。背鳍 2 个，分离。第 1 背鳍全为鳍棘。腹鳍起点在胸鳍基部下方，左、右腹鳍相互靠近。尾鳍椭圆形。体背灰褐色，眼下 1 根褐色垂直条纹伸达腹面，体侧密布着许多细小暗褐色斑点。鳃盖骨后上角至胸鳍基上方有 1 块大紫黑斑。背鳍和尾鳍有黑斑点组成的条纹。

种群状况： 种群数量少。

地理分布： 分布于红水河、柳江，沿海单独入海诸河亦有分布。生活于山溪的小型鱼类。

珍稀程度： 支流山溪里的珍稀鱼类。

32. 溪吻鰕虎鱼 *Rhinogobius duospilus* (Herre, 1935)

分类地位： 鲈形目 Perciformes 鰕虎鱼科 Gobiidae 吻鰕虎鱼属 *Rhinogobius*。

鉴别特征： 体细长，前段近圆筒形，后段侧扁。头稍平扁。口端位。上、下颌具多行细齿。舌前端圆形，游离。鼻孔每侧 2 个，前、后鼻孔分开一定距离。体被栉鳞，腹面被圆鳞。背鳍 2 个，分离。腹鳍起点在胸鳍基部下方，左、右腹鳍在腹部中央愈合成圆盘状吸盘。尾鳍圆形。体背淡黄色，颊部有 3 条斜向后方的红褐色条纹，体侧鳞片边缘为褐色。尾鳍基部有一黑斑，胸鳍基部有一小黑斑。背鳍、尾鳍具黑色斑点组成的条纹。

种群状况： 种群数量多。

地理分布： 广西各地均有分布，为暖水性的底层小型鱼类。

珍稀程度： 支流山溪里的珍稀鱼类。

33. 宽额鳢 *Channa gachua* (Hamilton, 1822)

分类地位：鲈形目 Perciformes 鳢科 Channidae 鳢属 *Channa*。

鉴别特征：前端圆筒形，后部侧扁。头短宽且平扁，头长为宽的 1.42 倍。口大，端位，下颌突出，口裂略斜。上颌骨后端伸达眼后缘下方。上颌及下颌前方有绒毛状齿带。头、体部被中等大的圆鳞，侧线鳞 42 ~ 44 枚。背鳍起点在腹鳍基部上方，后部鳍条伸达尾鳍基，背鳍条 32 ~ 34 根。腹鳍短小。体褐色，腹部略白，体侧散布许多黑点。背鳍、臀鳍和尾鳍边缘橙色。

种群状况：种群数量多。

地理分布：分布于广西南宁市的邕江支流、崇左市龙州县境内的左江支流、百色市那坡县境内河流。肉食性鱼类，常栖息于水流缓慢的河边及池塘中，主要摄食各种小型鱼类。

珍稀程度：支流山溪里的珍稀鱼类。

34. 月鳢 *Channa asiatica* (Linnaeus, 1758)

分类地位： 鲈形目 Perciformes 鳢科 Channidae 鳢属 *Channa*。

鉴别特征： 前端圆筒形，后部侧扁。上、下颌外行齿绒毛状，下颌内行齿较大；舌端尖圆。头、体部均被中等大的圆鳞。背鳍起点在胸鳍基部稍后上方，末端鳍条伸达尾鳍基，背鳍条 41 ~ 47 根。无腹鳍。体绿褐色，背部颜色较深；体侧沿中部有 7 ~ 10 条"《"形黑褐色横纹带；头侧眼后部有 2 条黑色纵带延伸到鳃孔。背鳍、臀鳍灰褐色，上有白色小斑点；胸鳍基部后上方有 1 个黑色大斑，尾柄部有 1 个白色边缘的黑色眼状斑。体侧黑色斑纹边缘具白色斑点。

种群状况： 种群数量多，产地常见种。

地理分布： 广西各地广泛分布，是山溪经济鱼类。栖息于水流缓慢的山涧溪流中，性凶猛，摄食小鱼、虾、水生昆虫及其他小型水生动物。

珍稀程度： 支流山溪里的珍稀鱼类。

35. 刺鳅 *Mastacembelus sinensis* (Bleeker, 1870)

分类地位： 合鳃鱼目 Synbranchiformes 刺鳅科 Mastacembelidae 刺鳅属 *Mastacembelus*。

鉴别特征： 体细长。头小，吻尖长。口端位，口裂深；上、下颌有多行细尖齿。眼小。前鳃盖骨后缘无棘。身体密被细小的圆鳞。背鳍基长，鳍棘由皮膜包住。臀鳍第 2 鳍棘最大。尾鳍近圆形。体侧具黑白相间的带状条纹。

种群状况： 种群数量多。

地理分布： 广西各水系上游支流均有分布。杂食性小型鱼类。

珍稀程度： 支流山溪里的珍稀鱼类。

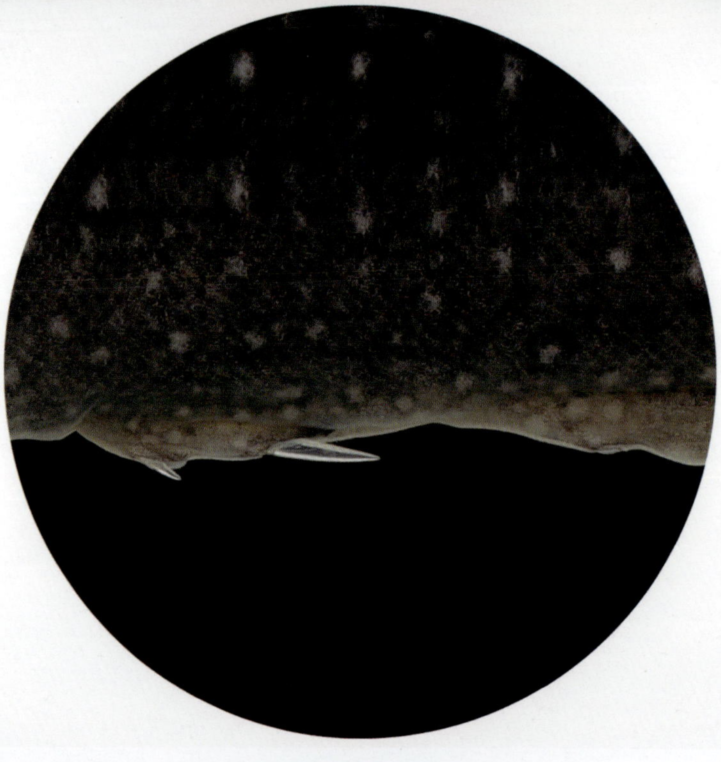

第六篇　西江名贵鱼类

1. 弓斑东方鲀 *Takifugu ocellatus* (Osbeck, 1757)

分类地位： 鲀形目 Tetraodontiformes 鲀科 Tetraodontidae 东方鲀属 *Takifugu*。

鉴别特征： 体椭圆形，前部粗壮，腹部圆形。吻短，圆钝。口小，端位。齿愈合为喙状齿板。鳃孔小。背鳍起点与肛门上方相对；臀鳍起点在背鳍起点稍后下方；胸鳍、尾鳍后缘平截。体背侧灰褐色，腹面银白色。体侧胸鳍基部后上方有一大黑斑，与横跨背面暗绿色横带相连。背鳍基部有一大黑斑。

种群状况： 种群数量少。

地理分布： 西江、浔江、黔江、红水河下游均有分布。杂食性，喜居于清水河流，摄食贝类、甲壳类和小鱼。

珍稀程度： 剧毒鱼类，但去毒后能做成餐桌上的极品。

2. 斑鳜 *Siniperca scherzeri* Steindachner, 1892

分类地位：鲈形目 Perciformes 真鲈科 Percichthyidae 鳜属 *Siniperca*。

鉴别特征：体延长而侧扁。头大，吻尖。口端位，下颌明显长于上颌，口闭合时，下颌前端齿稍外露。眼大。体被小圆鳞。侧线完全。背鳍 2 个，第 1 背鳍全为鳍棘。胸鳍扇形。尾鳍圆形。体棕黄色。头部及鳃盖具暗黑色的小圆斑，体侧有较多的黑色圆环，环中央棕黄色。沿背部中线有 4 个大型斑块。奇鳍有黑色斑点组成的条纹。

种群状况：种群数量较多，个体较大。

地理分布：分布于西江水系红水河、左江、右江、浔江、柳江、桂江。凶猛肉食性鱼类。生活于多岩石、砾石河段。

珍稀程度：西江名贵经济鱼类，为餐桌上的珍品。

3. 大眼鳜 *Siniperca kneri* Garman, 1912

分类地位： 鲈形目 Perciformes 真鲈科 Percichthyidae 鳜属 *Siniperca*。

鉴别特征： 体高，侧扁。头大，吻尖。口端位，口裂大，上颌骨后延伸达眼下缘。下颌明显超过上颌，口闭合时，下颌前端齿外露。眼大。体被小圆鳞。侧线完全。背鳍2个，第1背鳍全为鳍棘。胸鳍扇形。腹鳍稍后于胸鳍。尾鳍圆形。体背棕黄色。头侧各有一黑色斜带自吻端发出穿过眼眶直达背鳍前部鳍棘下方，头顶有一黑色宽带自吻端发出直达背鳍起点。体侧有不规则的棕黑色斑块和斑点。奇鳍有黑色斑点组成的条纹，尾鳍后缘棕黑色。

种群状况： 种群数量多，是常见的经济鱼类。

地理分布： 红水河、柳江、桂江、左江、右江均有分布。肉食性凶猛鱼类，食物以鱼为主，其次为虾类。

珍稀程度： 西江名贵经济鱼类，为餐桌上的珍品。

4. 花鲈 *Lateolabrax japonicus* (Cuvier, 1828)

分类地位： 鲈形目 Perciformes 花鲈科 Lateolabracidae 花鲈属 *Lateolabrax*。

鉴别特征： 体延长，侧扁。吻短，略尖。口裂大，下颌略长于上颌。上、下颌骨，犁骨及腭骨具齿带。前鳃盖骨后缘具细锯齿。体被栉鳞。侧线完全。背鳍 2 个，第 1 背鳍全为鳍棘。腹鳍起点约与背鳍起点相对。尾鳍浅分叉状，上、下叶末端钝圆。体背银灰色，腹部灰白色，侧线以上体侧散布黑色小斑点，背鳍和尾鳍边缘黑色。

种群状况： 种群数量多。

地理分布： 洄游性鱼类。西江梧州段有分布。

珍稀程度： 西江名贵经济鱼类，为餐桌上的珍品。

5. 大刺鳅 *Mastacembelus armatus* (Lacépède, 1800)

分类地位：合鳃鱼目 Synbranchiformes 刺鳅科 Mastacembelidae 刺鳅属 *Mastacembelus*。

鉴别特征：体延长，侧扁。头部侧扁。吻尖长。口小，口裂平直。上、下颌有多行细尖齿。头和体均密被细小的圆鳞。侧线明显，侧线鳞 300 枚以上。背鳍起点在胸鳍中部上方。臀鳍后端与尾鳍相连。尾鳍近圆形。

种群状况：种群数量多，为江河经济鱼类之一。

地理分布：广西各水系均有分布。底栖、杂食性中型鱼类。

珍稀程度：西江名贵经济鱼类，为餐桌上的珍品。

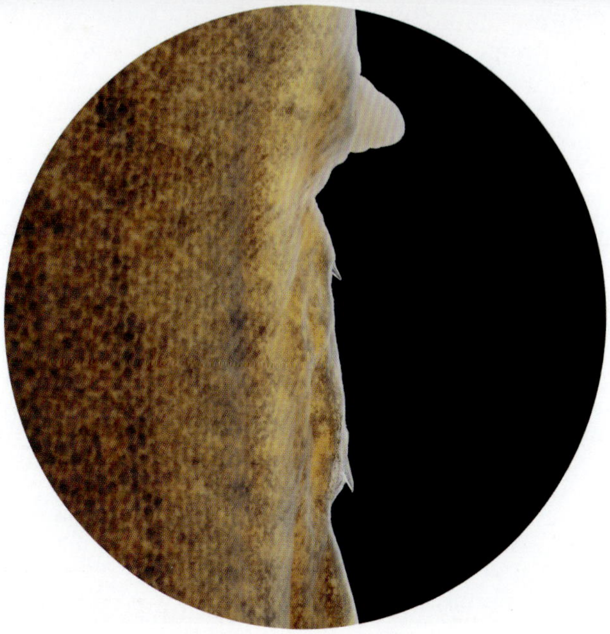

6. 鲇 *Silurus asotus* Linnaeus, 1758

分类地位： 鲇形目 Siluriformes 鲇科 Siluridae 鲇属 *Silurus*。

鉴别特征： 体延长，背鳍后部身体长而侧扁。头略平扁，钝圆。吻宽、平扁。口大，口裂伸达眼前缘垂直下方。下颌长于上颌。犁骨齿带连成一片。须2对，口角须较长，后伸达胸鳍基后端；颏须短。鳃盖膜不与鳃峡相连。侧线完全。背鳍短小，无硬刺。胸鳍骨质硬刺前缘具弱锯齿，后缘锯齿强。尾鳍微凹。生活时体灰褐色，体侧色浅，具不规则的灰黑色斑块，腹面白色。

种群状况： 数量较多，是重要的经济鱼类。

地理分布： 广西各地广泛分布。生活在清澈的水体，水深 0.5 ~ 1.0 m，底质为沙和砾石，喜生活于水草多、水流较缓的底层。肉食性鱼类，以虾、小鱼为食。

珍稀程度： 西江名贵经济鱼类，为餐桌上的珍品。

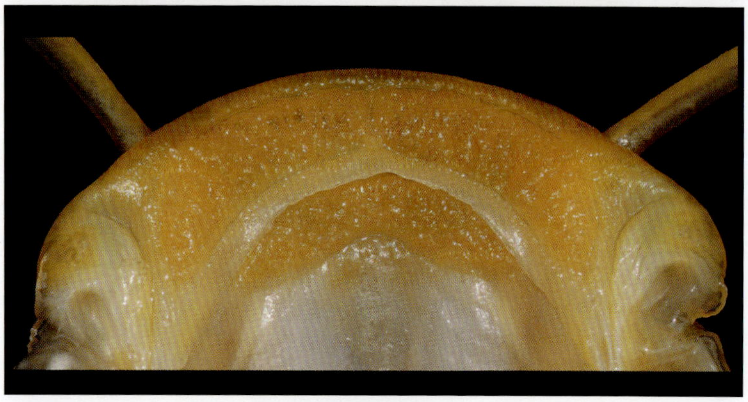

7. 粗唇鮠 *Leiocassis crassilabris* Güther, 1864

分类地位： 鲇形目 Siluriformes 鲿科 Bagridae 鮠属 *Leiocassis*。

鉴别特征： 体延长，前部略粗壮，后部侧扁。头钝。口下位。须 4 对，均细弱，鼻须后伸达眼部，口角须可达鳃盖骨。背鳍短小，骨质硬刺后缘具细弱锯齿。脂鳍发达，长于臀鳍。胸鳍硬刺前缘光滑，后缘锯齿发达。腹鳍起点位于背鳍基后垂直下方。尾鳍深分叉，上、下叶等长，末端圆钝。体灰褐色，体侧背鳍基、脂鳍基和尾鳍基部各具一块黑色横带。

种群状况： 种群数量多，为江河经济鱼类之一。

地理分布： 分布于红水河、邕江、左江、右江、柳江、桂江、浔江等河流。以寡毛类、小型软体动物、虾、蟹及小鱼为食。

珍稀程度： 西江名贵经济鱼类，为餐桌上的珍品。

8. 大鳍鳠 *Mystus macropterus* (Bleeker, 1870)

分类地位：鲇形目 Siluriformes 鲿科 Bagridae 鳠属 *Mystus*。

鉴别特征：体延长，后部侧扁。头宽，平扁。吻钝。口大，亚下位。上颌突出于下颌。后鼻孔前缘具鼻须，末端超过眼中央；口角须后伸达胸鳍条后端。外侧颏须长于内侧颏须，后端达胸鳍起点。鳃孔大，鳃盖膜不与鳃峡相连，鳃耙细长。体光滑无鳞。鳔 1 室。背鳍短小，骨质硬刺光滑。脂鳍长，后缘不游离。胸鳍硬刺前缘具细锯齿，后缘锯齿发达，鳍条后伸不及腹鳍。腹鳍起点位于背鳍基后端垂直下方。尾鳍分叉，上叶长于下叶，末端圆钝。体浅褐色，腹部略白，体侧散布黑色小斑点，尾鳍后缘微黑。

种群状况：种群数量少。

地理分布：珠江流域广泛分布。肉食性鱼类。栖息在河流上游，小河有岩石、砾石河段。

珍稀程度：西江名贵经济鱼类，为餐桌上的珍品。

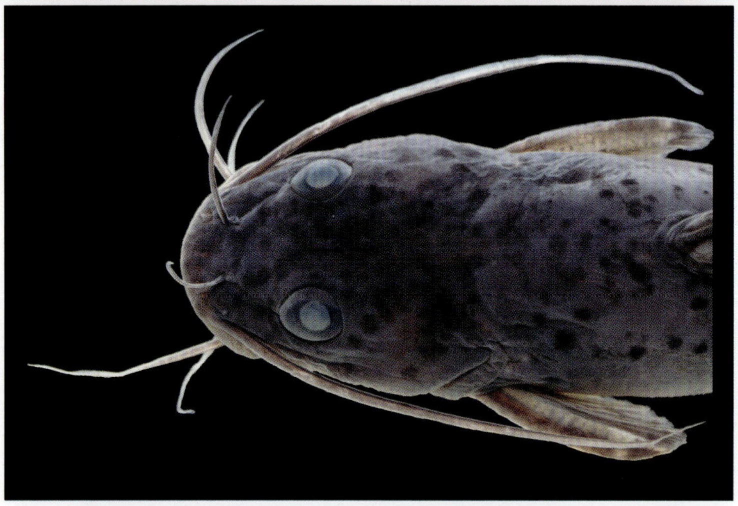

第七篇　西江经济鱼类

1. 大口鲇 *Silurus meridionalis* Chen, 1977

分类地位： 鲇形目 Siluriformes 鲇科 Siluridae 鲇属 *Silurus*。

鉴别特征： 体延长，前部短而粗圆，后部长而侧扁。口大，下颌突出于上颌。口裂深，后伸达眼球中央垂直下方。眼小。须 2 对，吻须后伸可达腹鳍起点；颏须后伸达鳃盖后缘。侧线完全。背鳍基短。胸鳍具硬刺，硬刺前缘具颗粒状突起。臀鳍基长，后端与尾鳍相连。尾鳍小，略凹。体灰褐色，腹部灰白色；体侧具不规则灰黑色云斑。

种群状况： 西江野生种群数量少。

地理分布： 西江干流、支流均有少量分布。生活于水面宽阔的江河。凶猛的肉食性鱼类。

珍稀程度： 餐桌上的珍品。

2. 斑鳢 *Channa maculate* (Lacépède, 1801)

分类地位：鲈形目 Perciformes 鳢科 Channidae 鳢属 *Channa*。

鉴别特征：体前端圆筒形，后部侧扁。口大，端位，下颌突出，口裂略斜。上颌骨后端伸达眼后缘下方。上颌及下颌前方有绒毛状齿带。头、体部被中等大的圆鳞，侧线鳞 45 枚以上。背鳍起点在腹鳍基部上方，后部鳍条伸达尾鳍基，背鳍条 38 ~ 45 根。腹鳍短小。体灰黑色，腹部灰色；背部有一纵行黑斑，体侧有 2 条纵行不规则黑斑形成的条带，背鳍、臀鳍及尾鳍均有黑白相间的斑纹。

种群状况：种群数量多。为经济鱼类之一，亦有人工养殖。

地理分布：广西各地均有分布。凶猛的肉食性鱼类，喜栖息于水流缓慢、水草丛生和淤泥底质的河沟及池塘中。

珍稀程度：餐桌上的珍品。

3. 青鱼 *Mylopharyngodon piceus* (Richardson, 1846)

分类地位：鲤形目 Cypriniformes 鲤科 Cyprinidae 青鱼属 *Mylopharyngodon*。

鉴别特征：体长，前部近圆筒形。无须。鳞中等大；侧线完全。背鳍分枝鳍条 7 根，臀鳍分枝鳍条 8 根。侧线鳞 42～43 枚，背鳍前鳞 15～17 枚，围尾柄鳞 16 枚。下咽齿 4（5）-5（4）枚。鳃耙 17～20 条。背鳍短，无硬刺。尾鳍叉形。生活时体青黑色，背部较深，腹部灰白色。各鳍灰黑色。

种群状况：在红水河有一定的天然种群，是红水河大型经济鱼类之一。

地理分布：桂江、柳江、红水河、左江、右江等各大江河均有分布。栖息于水体底层，以螺、蚌、蚬类为主要饵料。亦为池养殖鱼类，目前市场出售的个体多为人工养殖。

珍稀程度：餐桌上的珍品。

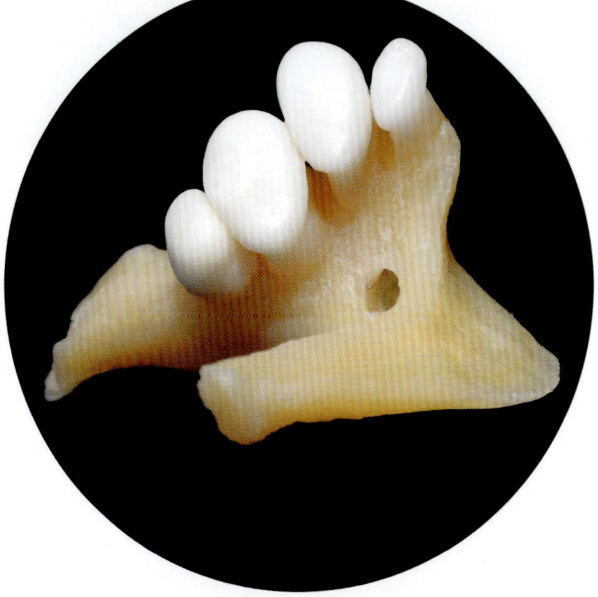

4. 鳡 *Elopichthys bambusa* (Richardson, 1845)

分类地位： 鲤形目 Cypriniformes 鲤科 Cyprinidae 鳡属 *Elopichthys*。

鉴别特征： 体延长。头长，呈锥形。吻长而尖。口端位；口裂大，末端达眼中部下方。无须。眼小。鳃孔大。鳞小，侧线完全。背鳍短，起点位于腹鳍起点之后。臀鳍外缘内凹。尾鳍深分叉。体背浅灰色，体侧及腹部银白色；胸鳍、腹鳍和臀鳍基部黄色，背鳍和尾鳍深灰色。

种群状况： 种群数量少，但体型大。

地理分布： 分布于西江干流，红水河、桂江、柳江、左江、右江。大型凶猛肉食性鱼类，以小鱼为食。

珍稀程度： 餐桌上的珍品。

5. 光倒刺鲃 *Spinibarbus hollandi* Oshima, 1919

分类地位： 鲤形目 Cypriniformes 鲤科 Cyprinidae 倒刺鲃属 *Spinibarbus*。

鉴别特征： 体延长，前部近圆筒形，后部侧扁。口亚下位，上颌稍长于下颌。上、下唇稍肥厚，包于颌外表。唇后沟中断。须 2 对，口角须长于眼径。鳞大，侧线完全，侧线鳞 22～28 枚。背鳍无硬刺，起点位于腹鳍起点之前，外缘微凹；背鳍前方有一向前平卧的倒刺隐于皮下。胸鳍、腹鳍短。尾鳍分叉。体背部青黑色，体侧鳞片基部大都具一黑斑。背鳍外缘有一黑色条纹。臀鳍边缘黑边较窄，其他各鳍浅黄色。

种群状况： 数量较多，是广西各江河主要经济鱼类之一。近年人工繁殖已获得成功。

地理分布： 红水河、柳江、桂江、右江、左江各江河干流、支流均有分布。喜栖息于水清石底的激流河段，为中下层杂食性鱼类。每年 5～6 月为繁殖季节，卵黏性。

珍稀程度： 餐桌上的珍品。

6. 中华倒刺鲃 *Spinibarbus sinensis* (Bleeker, 1871)

分类地位：鲤形目 Cypriniformes 鲤科 Cyprinidae 倒刺鲃属 *Spinibarbus*。

鉴别特征：体延长，粗壮，前部近圆筒形，后部侧扁。口亚下位，上颌稍长于下颌。上、下唇稍肥厚，包于颌外表。唇后沟中断。须 2 对，口角须长于眼径。鳞大，侧线完全，侧线鳞 30 ~ 34 枚。背鳍末根不分枝鳍条为硬刺，背鳍起点位于腹鳍起点之前，外缘凹入；背鳍前方有一向前平卧的倒刺隐于皮下。胸鳍、腹鳍短。尾鳍分叉。体背部青黑色，体侧鳞片基部大都具一黑斑。

种群状况：种群数量少，但个体大。

地理分布：分布于柳江支流龙江上游的打狗河。生活于水面开阔的河段，中下层鱼类，草食性。

珍稀程度：餐桌上的珍品。

7. 倒刺鲃 *Spinibarbus denticulatus* (Oshima, 1926)

分类地位： 鲤形目 Cypriniformes 鲤科 Cyprinidae 倒刺鲃属 *Spinibarbus*。

鉴别特征： 体延长，身体较高，前部近圆筒形，后部侧扁。口亚下位，上颌稍长于下颌。上、下唇稍肥厚，包于颌外表。唇后沟中断。须 2 对。鳞大，侧线完全，侧线鳞 27 ~ 32 枚；背鳍前鳞 9 ~ 12 枚。背鳍末根不分枝鳍条为硬刺，背鳍起点位于腹鳍起点之后，外缘微凹；背鳍前方有一向前平卧的倒刺隐于皮下。胸鳍、腹鳍短。尾鳍分叉。体银白色，鳞片灰黑色，后缘略黑。

种群状况： 有一定种群数量，个体较大，是经济鱼类之一。近年人工繁殖、养殖已获得成功。

地理分布： 红水河、桂江、柳江、右江、左江及部分支流均有分布。江河中下层鱼类，草食性。

珍稀程度： 餐桌上的珍品。

8. 赤眼鳟 *Squaliobarbus curriculus* (Richardson, 1846)

分类地位： 鲤形目 Cypriniformes 鲤科 Cyprinidae 赤眼鳟属 *Squaliobarbus*。

鉴别特征： 体长，圆筒形。口端位。须 2 对，细小。眼上缘具一红斑。鳞较大，背鳍前鳞 13 ~ 16 枚。侧线完全，侧线鳞 43 ~ 45 枚。背鳍无硬刺，分枝鳍条 7 根；尾鳍分叉较深；臀鳍分枝鳍条 8 根。第一鳃弓外侧鳃耙 10 ~ 13 条。下咽齿 3 行。生活时体背部青灰色，体侧银白色，体侧各鳞片基部有一黑斑。

种群状况： 数量较多，个体大，是主要经济鱼类之一。

地理分布： 分布于西江干流，桂平市、梧州市是广西天然种群主要分布地，生活于水面开阔的江段，为江河、湖泊的中层鱼类，喜栖息于水流缓慢水体环境中。近年人工增殖放流较多，支流、水库也常见。

珍稀程度： 餐桌上的珍品。

9. 鳊 *Parabramis pekinensis* (Basilewsky, 1855)

分类地位：鲤形目 Cypriniformes 鲤科 Cyprinidae 鳊属 *Parabramis*。

鉴别特征：体菱形，侧扁。头小；吻短。口端位。眼中大。无须。鳞中等大，侧线完全，平直。背鳍末根不分枝鳍条为硬刺，起点位于腹鳍起点之后。胸鳍尖，末端不达腹鳍起点。腹鳍末端不达肛门。腹棱完全。臀鳍分枝鳍条 27 ~ 35 根。尾鳍深分叉。体侧及背部青灰色，背鳍、尾鳍灰色。

种群状况：西江干流的桂平市、梧州市数量多，是常见的经济鱼类。

地理分布：分布于红水河、柳江、桂江、左江，以及右江的中下游。水体中上层鱼类，生活于水面开阔的江段。

珍稀程度：餐桌上的珍品。

10. 蒙古红鳍鲌 ***Chanodichthys mongolicus*** **(Basilewsky, 1855)**

分类地位：鲤形目 Cypriniformes 鲤科 Cyprinidae 红鳍鲌属 *Chanodichthys*。

鉴别特征：体延长，侧扁；头背交界处微隆起。腹棱自腹鳍至肛门。吻短钝。口端位，口裂斜，下颌略长于上颌。眼较小。鳞中等大，侧线完全。背鳍末根不分枝鳍条为光滑粗壮的硬刺。胸鳍短，远不达腹鳍起点。腹鳍起点位于背鳍起点之前。臀鳍分枝鳍条 18 ~ 22 根。尾鳍深分叉。第一鳃弓外侧鳃耙 17 ~ 19 条。体浅灰色，腹部银白色；胸鳍前部、腹鳍和臀鳍基淡橘红色；尾鳍下叶橘红色更为明显。

种群状况：目前种群数量少。

地理分布：西江干流梧州段偶尔还能采集到标本。生活于水面开阔的江段，以小型鱼类为食。

珍稀程度：餐桌上的珍品。

11. 圆吻鲴 *Distoechodon tumirostris* Peters, 1880

分类地位： 鲤形目 Cypriniformes 鲤科 Cyprinidae 圆吻鲴属 *Distoechodon*。

鉴别特征： 体延长，侧扁；腹部圆。头小。吻钝。口下位，横裂；下颌前缘具角质。眼中等大。背鳍起点约与腹鳍起点相对或略后，末根不分枝鳍条为光滑的硬刺；胸鳍尖，末端不达腹鳍起点；臀鳍内凹；尾鳍深分叉。鳞中等大，侧线完全，侧线鳞 57 ~ 62 枚。下咽齿 2 行，2·6 — 6·2 或 3·7 — 7·2。背鳍、尾鳍灰黑色，胸鳍基部、臀鳍前部浅黄色。

种群状况： 种群数量多，是广西江河主要经济鱼类之一。

地理分布： 桂江、柳江、郁江数量较多。生活于水体中上层，喜欢静水河段、拦河大坝的库区，以固着藻类为食。

珍稀程度： 餐桌上的珍品。

12. 七丝鲚 *Coilia grayii* Richardson, 1845

分类地位： 鲱形目 Clupeiformes 鳀科 Engraulidae 鲚属 *Coilia*。

鉴别特征： 体延长，侧扁，向后渐细尖。背缘平直。腹部棱鳞显著。头短，吻短、钝。口大，下位。鳃孔大，鳃耙细长，鳃盖膜不与峡部相连。体被圆鳞，无侧线。背鳍位于体前半部。臀鳍长，连于尾鳍。胸鳍上方有 7 根游离鳍条，呈丝状延长。体银白色，尾鳍末端略黑。

种群状况： 种群数量较多，但个体小。

地理分布： 西江下游，沿海各入海河流均有分布。溯河洄游鱼类，生活在水体上层，4～7 月为其产卵期。

珍稀程度： 餐桌上的珍品。

13. 白肌银鱼 *Leucosoma chinensis* (Osbeck, 1765)

分类地位：胡瓜鱼目 Osmeriformes 银鱼科 Salangidae 白肌银鱼属 *Leucosoma*。

鉴别特征：体细长，前部呈圆柱状，后部侧扁。头尖长平扁。吻尖呈三角形，眼小。上颌骨后端不达眼前缘的下方。上、下颌各有齿 1 行。尾鳍叉形。活体通体透明，沿腹侧有 1 行黑色小点，臀鳍前部有一黑斑。

种群状况：种群数量少，偶尔捕获。

地理分布：西江可上溯到左江龙州段。溯河洄游性中上层鱼类，栖息于近海或河口咸淡水区域，以浮游动物、小鱼和小虾为食。

珍稀程度：餐桌上的珍品。

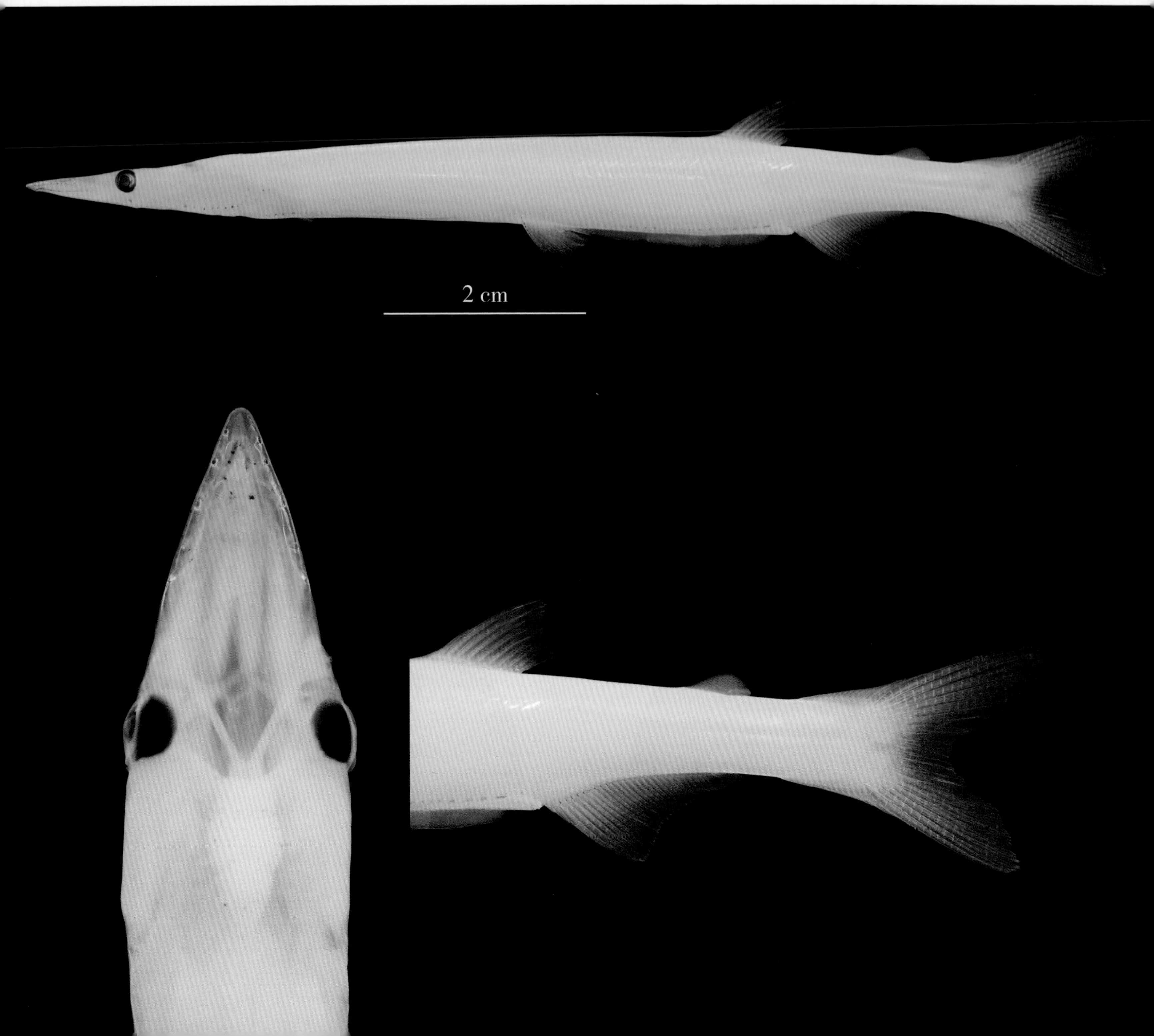

14. 壮体华沙鳅 *Sinibotia robusta* (Wu, 1939)

分类地位：鲤形目 Cypriniformes 鳅科 Cobitidae 华沙鳅属 *Sinibotia*。

鉴别特征：体短而粗壮，侧扁。尾柄长等于或小于尾柄高。眼下刺分叉，粗壮。口下位。颏下具 1 对肉质突起。眼大，头长为眼径的 4.8 ~ 5.7 倍。须 3 对，其中吻须 2 对，聚生于吻端。尾鳍深分叉。侧线完全，平直。颊部无鳞。体黄绿色，体上具 6 条深褐色垂直条纹。头背面和侧面各有 1 对自吻端向后的纵条纹。

种群状况：种群数量较多，但个体小。

地理分布：分布广，广西境内的红水河、柳江、桂江、左江、右江等均有分布。喜栖息于沙滩河段。

珍稀程度：餐桌上的珍品。

15. 花斑副沙鳅 *Parabotia fasciata* Dabry de Thiersant, 1872

分类地位： 鲤形目 Cypriniformes 鳅科 Cobitidae 副沙鳅属 *Parabotia*。

鉴别特征： 体延长，稍侧扁。头长大于体高。吻长大于眼后头长。口下位。须 3 对。眼下刺分叉。侧线完全，平直。颊部有鳞。体青灰色，腹部浅略白。身体背部具 11～15 条褐色垂直带纹。尾鳍基中央具一明显黑斑。头背面和侧面散布褐色斑点。背鳍和尾鳍具多列小斑点组成的不规则斜行条纹。

种群状况： 数量较多，个体相对较大，是所分布江河经济鱼类之一。

地理分布： 广泛分布于红水河、柳江、桂江、左江、右江等河流。生活于河流砾石底、沙底，沿河有岩石的河段。

珍稀程度： 餐桌上的珍品。

16. 大鳞副泥鳅 *Paramisgurnus dabryanus* (Dabry de Thiersant, 1872)

分类地位： 鲤形目 Cypriniformes 鳅科 Cobitidae 副泥鳅属 *Paramisgurnus*。

鉴别特征： 体长，侧扁。具须 5 对，口角须大于吻长。眼稍大，位于头侧上方。无眼下刺。前鼻孔在一短管中，后鼻孔仅靠在前鼻孔之后。尾鳍末端圆形。鳞片较大，纵列鳞 130 枚以下。体灰褐色，背部色较深，体侧具不规则的斑点。背鳍、臀鳍和尾鳍具不规则的黑色斑点。

种群状况： 分布地有一定的种群数量。

地理分布： 野外主要分布于广西河池市都安县、桂林市兴安县境内；喜生活于泥底的各类水体。各地有人工养殖。

珍稀程度： 餐桌上的珍品。

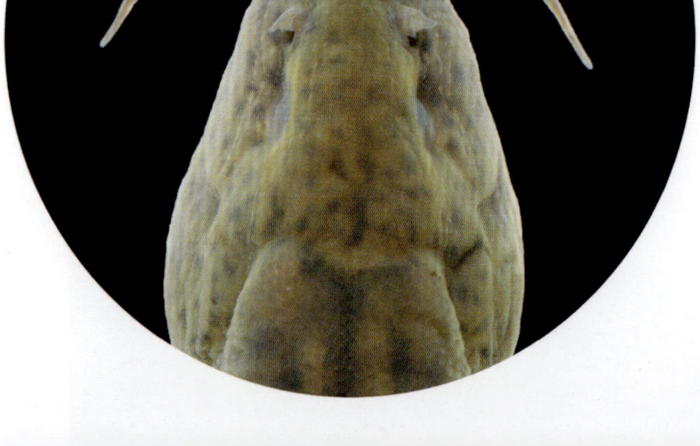

17. 红鳍鲌 *Chanodichthys erythropterus* (Basilewsky, 1855)

分类地位： 鲤形目 Cypriniformes 鲤科 Cyprinidae 红鳍鲌属 *Chanodichthys*。

鉴别特征： 体长，侧扁。腹棱完全。口上位，口裂几与身体垂直，下颌向上翘。眼中等大，眼后缘至吻端的距离小于眼后头长。侧线完全，侧线鳞 63 ~ 69 枚。背鳍末根不分枝鳍条为硬刺。胸鳍尖，末端伸达腹鳍起点。尾鳍深分叉。体侧面及腹部银白色，背鳍、尾鳍浅灰色。

种群状况： 种群数量不多，但分布广。

地理分布： 广西各大江河，红水河、桂江、柳江、左江、右江、南流江均有分布。生活于开阔水域的上层，以小鱼为食。

珍稀程度： 餐桌上的珍品。

18. 飘鱼 *Pseudolaubuca sinensis* Bleeker, 1864

分类地位：鲤形目 Cypriniformes 鲤科 Cyprinidae 飘鱼属 *Pseudolaubuca*。

鉴别特征：体延长，侧扁；背部平直。腹棱完全。吻长大于眼径。口端位，口裂斜，下颌中央具一突起。唇薄。眼中等大。侧线完全。背鳍短小无硬刺。胸鳍长，腋部具腋鳞。腹鳍短，末端不达肛门。臀鳍外缘凹入。尾鳍深分叉，叶端尖。背部灰色，体侧银白色。胸鳍、腹鳍基部淡黄色，臀鳍和尾鳍灰黑色。

种群状况：种群数量较少，但分布较广。

地理分布：西江干流上中下游的田林县、东兰县、都安县、桂平市、梧州市，左江、右江、柳江及桂江下游均有分布。生活于水面开阔的水体上层。

珍稀程度：餐桌上的珍品。

19. 蛇鮈 *Saurogobio dabryi* Bleeker, 1871

分类地位： 鲤形目 Cypriniformes 鲤科 Cyprinidae 蛇鮈属 *Saurogobio*。

鉴别特征： 体延长，尾柄细窄且长。头大而钝。吻突出，在鼻孔间隔处凹陷。口小，下位。唇厚，具乳突，上、下唇相连，下唇后缘游离。须 1 对。眼大。鳞片圆形中等大，胸鳍基部向前的腹面无鳞。侧线完全，平直。背鳍无硬刺，分枝鳍条 8 根；臀鳍分枝鳍条 6 根。侧线鳞 47 ~ 50 枚。下咽齿 1 行。生活时体背部及体侧上半部呈淡黄色，腹部灰白色。体侧中轴线上有 9 ~ 14 个不规则形的黑斑，体背正中隐约有 4 ~ 5 个黑斑。

种群状况： 有一定种群数量，是小型经济鱼类之一。

地理分布： 广西西江干流、红水河、桂江、柳江、左江、右江、南流江均有分布。生活于沙砾、石底河段。

珍稀程度： 餐桌上的珍品。

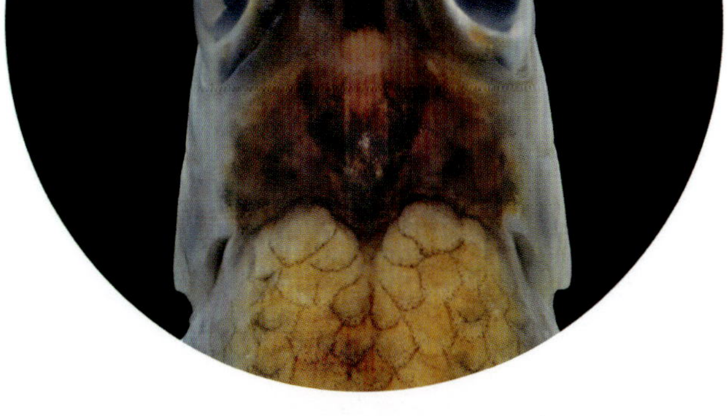

20. 东方墨头鱼 *Garra orientalis* Nichols, 1925

分类地位：鲤形目 Cypriniformes 鲤科 Cyprinidae 墨头鱼属 *Garra*。

鉴别特征：体粗短，前部呈圆筒形，尾部侧扁。鼻孔前方有一深陷，将吻分成上、下两部分，上部具粗大珠星，下部前端为吻突，略向上翘。吻皮同腹面扩展，覆盖于上颌外表，边缘分裂成流苏状，在口角处与下唇相连。口下位，新月形。上、下颌具角质前缘。上唇消失。下唇有发达的吸盘，中央为肉质垫，后缘游离。须 2 对。背鳍无硬刺，外缘微凹；胸鳍后伸超过背鳍起点下方；腹鳍起点位于背鳍起点之后，后伸超过臀鳍基；尾鳍叉形。体背墨绿色。体侧各鳞具黑斑，形成 6 条纵纹。

种群状况：种群数量多，是江河经济鱼类之一。

地理分布：红水河、柳江、桂江、右江、左江均有分布。底层鱼类，喜栖息于急流处。

珍稀程度：餐桌上的珍品。

21. 四须盘鮈 *Discogobio tetrabarbatus* Lin, 1931

分类地位：鲤形目 Cypriniformes 鲤科 Cyprinidae 盘鮈属 *Discogobio*。

鉴别特征：体长，前部呈圆筒形。具吻突，吻端两侧着生 1 对显著的大珠星，其后常布有小珠星。口小，下位。吻皮下包，盖于上颌，边缘纵裂，具小乳突。吻皮与上颌分离，上唇消失。下颌与下唇分离。下唇具吸盘，中央为肉质垫，周缘前面及两侧有隆起的皮褶，呈马蹄形。须 2 对，约等长。背鳍无硬刺，外缘平截；胸鳍接近背鳍起点下方；腹鳍起点与背鳍第 4 ~ 5 根分枝鳍条相对，后伸超过臀鳍基；尾鳍叉形。体灰黑色，腹部乳白色。尾鳍上、下侧各具一黑色条纹。

种群状况：种群数量多，是江河小型经济鱼类。

地理分布：分布广，红水河、柳江、桂江、右江、左江均有分布。生活于河流急流险滩处，以岩石上固着藻类为食。

珍稀程度：餐桌上的珍品。

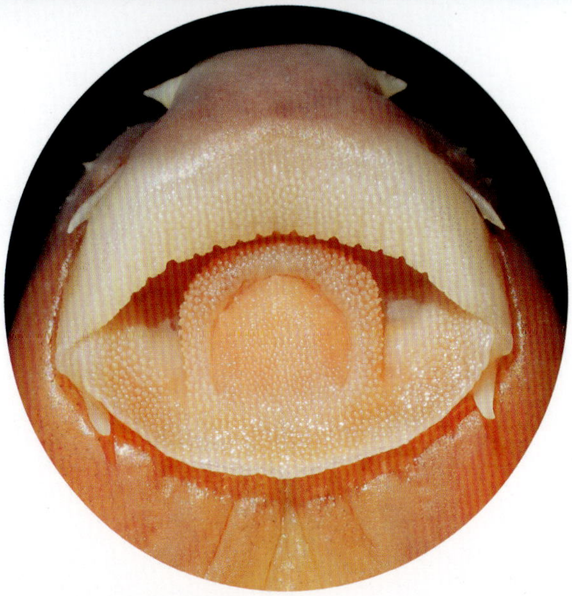

22. 须鲫 *Carassioides acuminatus* (Richardson, 1846)

分类地位： 鲤形目 Cypriniformes 鲤科 Cyprinidae 须鲫属 *Carassioides*。

鉴别特征： 体高而侧扁，略呈菱形。头小。吻钝圆而短。口端位。须 2 对，短小。眼大，侧上位，眼后缘至吻端的距离大于眼后头长。眼间宽而平。鳞大，侧线平直。下咽齿 2 行，2・4–4・2。背鳍外缘凹入。背鳍、臀鳍末根不分枝鳍条均为后缘带锯齿的硬刺。胸鳍末端可伸达腹鳍起点。尾鳍分叉。体背侧及头部灰色，腹部银白色，鳍浅灰色。

种群状况： 种群数量少。

地理分布： 柳江、桂江支流有分布。常栖息于静水环境的小河沟，水库库汊的草丛中，杂食性。

珍稀程度： 餐桌上的珍品。

23. 海南鳅鮀 *Gobiobotia kolleri* Bănărescu & Nalbant, 1966

分类地位： 鲤形目 Cypriniformes 鲤科 Cyprinidae 鳅鮀属 *Gobiobotia*。

鉴别特征： 体前部近圆筒形，尾柄侧扁。头平扁。口下位。须 4 对。眼较大，侧上位。侧线鳞 37 ~ 40 枚。背鳍起点与腹鳍起点相对。腹鳍起点至臀鳍起点距离大于到胸鳍起点的距离。尾鳍分叉，末端尖，下叶稍长于上叶。体侧及各鳍具众多小黑斑，体侧沿侧线上方有 8 ~ 9 个棕黑色斑块。背鳍、尾鳍有不显著的黑色条纹。

种群状况： 种群数量较少。15 年前在红水河是常见鱼类，目前已经很难见到。

地理分布： 分布于广西境内的红水河、柳江和左江。生活于急流的河滩。

珍稀程度： 餐桌上的珍品。

24. 尖头塘鳢 *Eleotris oxycephala* Temminck & Schlegel, 1845

分类地位： 鲈形目 Perciformes 塘鳢科 Eleotridae 塘鳢属 *Eleotris*。

鉴别特征： 体延长，前躯近圆筒形，后躯侧扁。头宽、平扁，吻长大于眼径。口端位。下颌突出于上颌，上、下颌各具 4 排细齿。犁骨和腭骨无齿。舌圆形。前、后鼻孔相距甚远。体被栉鳞，但第 1 背鳍前方、头部及胸腹部为圆鳞。无侧线鳞。背鳍 2 个，第 1 背鳍全为鳍棘。胸鳍基部肉质柄发达，鳍宽大。左、右腹鳍相互靠近，但不形成吸盘。尾鳍圆形。体背暗黑色，腹部颜色较淡。头侧有 2 条黑色纵线纹，1 条自上颌吻端经眼至鳃盖上方，1 条从眼后下缘向下倾斜至前鳃盖后缘中间。体侧有多条深褐色纵条纹。

种群状况： 种群数量多。

地理分布： 西江干流及柳江均有分布。中小型鱼类，喜栖息于河川及河口咸淡水中，摄食小虾、小鱼及蠕虫等无脊椎动物。

珍稀程度： 餐桌上的珍品。

25. 舌鰕虎鱼 *Glossogobius giuris* (Hamilton, 1822)

分类地位： 鲈形目 Perciformes 鰕虎鱼科 Gobiidae 舌鰕虎鱼属 *Glossogobius*。

鉴别特征： 体细长，前段近圆筒形。吻尖长。口近端位，口裂大，上颌骨后端达眼前缘的下方，下颌长于上颌。上、下颌具多行细齿。舌前端分叉。体被栉鳞，胸腹部具圆鳞。背鳍 2 个，分离；第 1 背鳍全为鳍棘。胸鳍宽大而圆。左、右腹鳍在腹部中央愈合成长圆形吸盘。尾鳍近圆形。体背灰褐色，腹部灰白色。体侧具 4 ~ 5 个暗色斑，体背中央有 4 ~ 5 个横跨背部的褐色斑纹。背鳍、胸鳍和尾鳍有黑色斑点组成的条纹。

种群状况： 种群数量多。

地理分布： 西江干流梧州段有分布。栖息于河口咸淡水交界处，也见于江河下游的淡水中。

珍稀程度： 餐桌上的珍品。

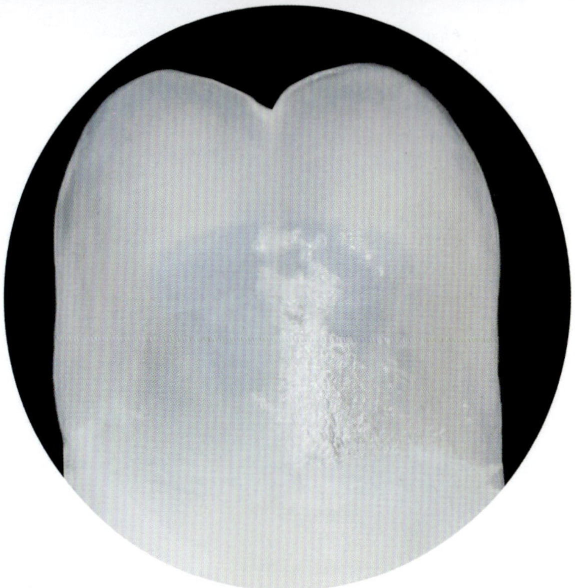

26. 子陵吻虾虎鱼 *Rhinogobius giurinus* (Rutter, 1897)

分类地位： 鲈形目 Perciformes 虾虎鱼科 Gobiidae 吻虾虎鱼属 *Rhinogobius*。

鉴别特征： 体延长，前段近圆筒形，后段侧扁。头大，略平扁。口端位。上、下颌前部具多行小齿，无犬齿。舌发达，游离，前端近圆形。鼻孔每侧 2 个，分离。前鼻孔具短管，近吻端，后鼻孔为圆形小孔。背鳍 2 个，分离，相距较近；第 1 背鳍全为鳍棘。左、右腹鳍在腹部中央愈合成长圆形吸盘。尾鳍圆形。体背淡黄色。头部有不规则的虫状纹，颊部有 4 ~ 6 条斜向前下方的暗色条纹。体侧有不规则暗色斑块 6 ~ 7 个。胸鳍基部上方有一黑斑。背鳍和尾鳍有黑色斑点组成的条纹。

种群状况： 种群数量多。

地理分布： 广西各地均有分布。小型鱼类，栖息于江河沙滩、石砾地带含氧量丰富的浅水区，或底质为沙石的清水中。水库、池塘也有分布。

珍稀程度： 餐桌上的珍品。

第八篇　其他珍稀鱼类

1. 武昌副沙鳅 *Parabotia banarescui* (Nalbant, 1965)

分类地位： 鲤形目 Cypriniformes 鳅科 Cobitidae 副沙鳅属 *Parabotia*。

鉴别特征： 体延长，侧扁。吻长大于眼后头长。口下位。须 3 对。眼下刺分叉。侧线完全，平直。背鳍起点位于腹鳍起点之前；腹鳍后伸超过肛门；尾鳍分叉，上、下叶等长。体青灰色，后部略黄，腹部浅略白。身体背部具 12 条以上的褐色垂直带纹，斑纹宽度明显大于眼径。尾鳍基中央具一明显黑斑。头背面和侧面散布褐色斑点。背鳍和尾鳍具多列小斑点组成的不规则斜行条纹。

种群状况： 种群数量极少，为偶见种。

地理分布： 主要分布于红水河及柳江水系。生活于河流砾石底的河段。

珍稀程度： 西江稀有鱼类。

2. 点面副沙鳅 *Parabotia maculosa* (Wu, 1939)

分类地位： 鲤形目 Cypriniformes 鳅科 Cobitidae 副沙鳅属 *Parabotia*。

鉴别特征： 体细长，侧扁。头长大于体高。吻长大于眼后头长。口下位。须 3 对。眼下刺分叉。侧线完全，平直。颊部有鳞。体棕灰色，腹部浅黄色。背部和体侧具 12 ~ 18 条棕黑色垂直带纹，且延伸至腹部。尾鳍基中央和上、下缘各具一明显黑斑。头背部和侧面散布许多黑色斑点。背鳍具 3 ~ 5 列由斑点组成的不规则斜行条纹。

种群状况： 种群数量少。

地理分布： 分布于广西的柳江、桂江水系。栖息于河滩砂岩底河段。

珍稀程度： 西江稀有鱼类。

3. 寡鳞飘鱼 *Pseudolaubuca engraulis* (Nichols, 1925)

分类地位： 鲤形目 Cypriniformes 鲤科 Cyprinidae 飘鱼属 *Pseudolaubuca*。

鉴别特征： 体延长，侧扁；背部平直。吻长大于眼径。口端位，口裂斜，下颌中央具一突起。唇薄。眼中等大。侧线完全，胸鳍处向下弧形弯曲延伸至臀鳍基后平直达尾鳍基；侧线鳞 46 ~ 50 枚。背鳍短小，无硬刺，分枝鳍条 7 根。胸鳍长。腹鳍短，末端不达肛门。臀鳍长，外缘凹入，分枝鳍条 18 ~ 21 根。尾鳍深分叉，叶端尖，下叶稍长。腹棱完全。浸制标本体黄色，背部颜色略深，各鳍边缘颜色变浅。

种群状况： 种群数量极稀少。20 世纪 80 年代在红水河都安段可采集到标本。

地理分布： 西江各主要支流红水河、柳江、桂江、左江、右江的中下游历史上均有分布。生活于水面开阔的水体上层。

珍稀程度： 西江稀有鱼类。

4. 海南似𩷶 *Toxabramis houdemeri* Pellegrin, 1932

分类地位： 鲤形目 Cypriniformes 鲤科 Cyprinidae 似𩷶属 *Toxabramis*。

鉴别特征： 体梭形，极侧扁。头小，吻短。口端位。眼中等大。第一鳃弓外侧鳃耙 29 ~ 36 条。背鳍末根不分枝鳍条为硬刺，后缘有锯齿，起点约与腹鳍起点相对或略后。胸鳍尖，末端不达腹鳍起点。腹棱完全。臀鳍长，外缘内凹，分枝鳍条 15 ~ 16 根。尾鳍深分叉。鳞中等大，侧线完全，平直，侧线鳞 50 ~ 53 枚。体侧及背部青灰色，背鳍、尾鳍灰色。

种群状况： 种群数量多。

地理分布： 分布于红水河、柳江、桂江、左江、右江的开阔水域及各大水库。生活于水体表层。

珍稀程度： 西江小型珍稀鱼类。

5. 线纹梅氏鳊 *Metzia lineata* (Pellegrin, 1907)

分类地位： 鲤形目 Cypriniformes 鲤科 Cyprinidae 梅氏鳊属 *Metzia*。

鉴别特征： 体延长，侧扁。体长为体高的 3.1 ~ 3.6 倍。腹部圆，腹棱自腹鳍基至肛门。头小，吻长小于眼径。口端位，鳞中等大，侧线完全，侧线鳞 37 ~ 40 枚。背鳍无硬刺，起点在腹鳍之后，分枝鳍条 7 根。胸鳍长，接近腹鳍起点。臀鳍外缘略凹，分枝鳍条 14 ~ 18 根。尾鳍分叉，下叶略长于上叶。体背灰色，体侧下部及腹部银白色。

种群状况： 种群数量多，但个体小。

地理分布： 广西各大小江河、湖泊、水库均有分布。生活于水体中上层。

珍稀程度： 西江小型珍稀鱼类。

6. 大鳍鱊 *Acheilognathus macropterus* (Bleeker, 1871)

分类地位： 鲤形目 Cypriniformes 鲤科 Cyprinidae 鱊属 *Acheilognathus*。

鉴别特征： 体侧扁，短而高，呈卵圆形。头小，吻短钝。口亚下位。口角须1对，短小或缺如。侧线完全，平直。背鳍起点位于腹鳍起点之后。背鳍和臀鳍的不分枝鳍条为硬刺。背鳍分枝鳍条超过15根，臀鳍分枝鳍条超过12根。尾鳍叉形。体银白色，背部暗绿色或灰黄色。成鱼沿侧线向后第4~5个侧线鳞的上方有一黑斑。尾柄中线具1条向前延伸的黑色纵带。生殖季节雄鱼具珠星，雌鱼具产卵管。

种群状况： 种群数量多，但个体小，经济价值小。

地理分布： 红水河、柳江、桂江、南流江均有分布。生活于杂草丛生的缓流区。

珍稀程度： 西江小型珍稀鱼类。

7. 须鱊 *Acheilognathus barbatus* Nichols, 1926

分类地位： 鲤形目 Cypriniformes 鲤科 Cyprinidae 鱊属 *Acheilognathus*。

鉴别特征： 体侧扁，近卵圆形。头较短，吻短钝。口小，亚下位。口角须 1 对，其长约等于眼径。侧线完全。背鳍和臀鳍的末根不分枝鳍条为光滑硬刺。胸鳍末端不伸达腹鳍起点。腹鳍起点位于背鳍之前下方，后伸超过肛门。尾鳍深叉形。体浅灰色，略红。体侧沿尾柄中线向前有 1 根纵行的黑色条纹。

种群状况： 种群数量较多。

地理分布： 分布广，红水河、桂江、柳江、左江、右江均有分布。生活于水流较缓处，尤其喜欢栖息于杂草丛生、河底有乱石处。

珍稀程度： 西江小型珍稀鱼类。

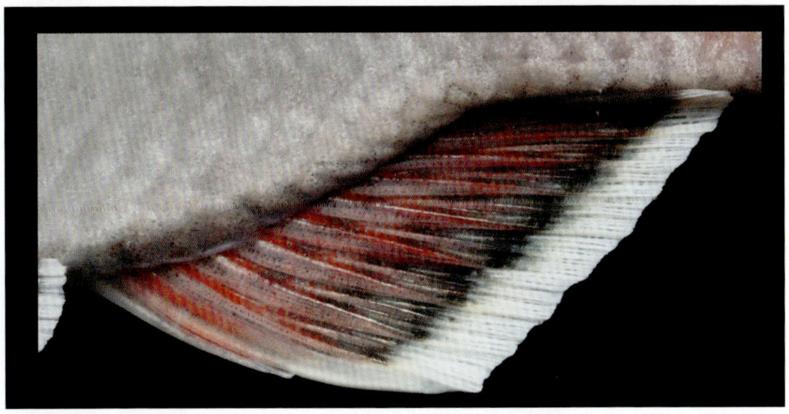

8. 短须鱊 *Acheilognathus barbatulus* Günther, 1873

分类地位： 鲤形目 Cypriniformes 鲤科 Cyprinidae 鱊属 *Acheilognathus*。

鉴别特征： 身体高，侧扁。头小而尖。口亚下位。口角须 1 对，短小，须长明显小于眼径。背鳍起点位于腹鳍起点之后，末根不分枝鳍条较粗，分枝鳍条 10 ~ 13 根；胸鳍后伸接近腹鳍起点；腹鳍可伸达臀鳍起点；臀鳍外缘微凹，末根不分枝鳍条较粗，分枝鳍条 8 ~ 11 根。尾鳍叉形。鳞片小，背鳍前少数鳞片呈菱形；侧线完全，侧线鳞 33 ~ 37 枚。成鱼沿尾柄中线向前至背鳍基中点间有 1 条纵行的黑色条纹。背鳍及臀鳍有 2 列小黑点组成的条纹。繁殖季节雄鱼的吻端及眼眶前上缘有珠星，胸鳍和尾鳍变红；雌鱼具产卵管。

种群状况： 种群数量较多。

地理分布： 分布于红水河、桂江、柳江及其支流。生活于水流较缓水域，尤其喜欢栖息于杂草丛生、河底有乱石处。

珍稀程度： 西江小型珍稀鱼类。

雄

雌

9. 越南鱊 *Acheilognathus tonkinensis* (Vaillent, 1892)

分类地位： 鲤形目 Cypriniformes 鲤科 Cyprinidae 鱊属 *Acheilognathus*。

鉴别特征： 身体高，侧扁。头小而尖。口亚下位。口角须 1 对。侧线完全，平直。背鳍、臀鳍的末根不分枝鳍条为光滑硬刺，与各自首根分枝鳍条粗细相当。胸鳍末端不伸达腹鳍起点。尾鳍叉形，末端尖。成鱼在鳃盖后第 1、第 2 个侧线鳞的上方有 1 个大黑斑；沿尾柄中线向前至背鳍基中点间有 1 根纵行的黑色条纹。背鳍及臀鳍有 2 列小黑点组成的条纹。繁殖季节雄鱼的吻端及眼眶前上缘有珠星，雌鱼具产卵管。

种群状况： 种群数量少。

地理分布： 分布于柳江、桂江各支流。栖息于水流缓慢的河段，尤其喜欢河底有砾石，有蚌、蚬的环境。

珍稀程度： 西江小型珍稀鱼类。

雄

雌

10. 高体鳑鲏 *Rhodeus ocellatus* (Kner, 1866)

分类地位： 鲤形目 Cypriniformes 鲤科 Cyprinidae 鳑鲏属 *Rhodeus*。

鉴别特征： 身体高，侧扁。吻钝。口小，端位。无须。侧线不完全。背鳍、臀鳍的末根不分枝鳍条稍硬，与各自首根分枝鳍条粗细相当。臀鳍起点位于背鳍第 4、第 5 根分枝鳍条之下方，具 9 ~ 12 根分枝鳍条。体侧沿尾柄中线有 1 条黑色纵纹，前伸达背鳍基中点的下方。鳃盖后方有一黑斑。背鳍、臀鳍外缘有 1 条较狭的黑边，背鳍前部有 1 个大黑点。生殖季节雄鱼吻侧有珠星，雌鱼具产卵管。

种群状况： 种群数量多，但个体很小。

地理分布： 西江干流、红水河、柳江、桂江、左江、右江、南流江各水系均有分布。生活于缓流及水库、池塘、坑、沟等小水体。

珍稀程度： 西江小型珍稀鱼类。

雄

雌

11. 青鳉 *Oryzias latipes* (Temminck & Schlegel, 1846)

分类地位：颌针鱼目 Beloniformes 怪颌鳉科 Adrianichthyidae 青鳉属 *Oryzias*。

鉴别特征：体小，长形。眼大。口小，上位。体被圆鳞，纵列鳞 26 枚。背鳍后位，基底末端约与臀鳍底末端相对。尾鳍截形。体淡黄灰色，沿背缘正中有 1 条黑色纵纹。

种群状况：种群数量多，体型极小。

地理分布：广西各地均有分布。生活于沟塘及稻田等静水或缓流表层的小型鱼类。

珍稀程度：西江小型珍稀鱼类。

12. 粘皮鲻鰕虎鱼 *Mugilogobius myxodermus* (Herre, 1935)

分类地位：鲈形目 Perciformes 鰕虎鱼科 Gobiidae 鲻鰕虎鱼属 *Mugilogobius*。

鉴别特征：体延长，粗壮，前段近圆筒形，略平扁，吻短而钝圆。口近端位。舌游离，前端近截形。鼻孔每侧 2 个，前鼻孔开孔于吻皮边缘，后鼻孔位于眼前方。背鳍 2 个，分离；第 1 背鳍全为鳍棘。腹鳍起点在胸鳍基部下方，左、右腹鳍愈合成长圆形吸盘。尾鳍圆形。体淡黄色，腹部灰白色。头部有褐色虫状纹及斑点，体侧有灰黑色小斑点。胸鳍基底有 1 条暗斑条，背鳍、尾鳍具由黑色斑点组成的条纹。

种群状况：种群数量多，但个体很小。

地理分布：广西各地均有分布。底层小型鱼类，生活于泥底的塘洼沟渠和江河溪流中。

珍稀程度：西江小型珍稀鱼类。

参考文献

中国科学院水生生物研究所，上海自然博物馆．1982. 中国淡水鱼类原色图集（第一集）. 上海：上海科学技术出版社．

农牧渔业部水产局，中国科学院水生生物研究所，上海自然博物馆．1988. 中国淡水鱼类原色图集（第二集）. 上海：上海科学技术出版社．

农业部水产司，中国科学院水生生物研究所．1993. 中国淡水鱼类原色图集（第三集）. 上海：上海科学技术出版社．

曹文宣．1989. 条鳅亚科//郑慈英．珠江鱼类志．北京：科学出版社．

陈景星，蓝家湖．1992. 广西鱼类一新属三新种（鲤形目：鲤科、鳅科）. 动物分类学报，17(1): 104–109.

陈小勇，崔桂华，杨君兴．2004. 广西高原鳅属鱼一穴居新种记述．动物学研究，25(3): 227–231.

陈小勇，杨君兴，崔桂华．2006. 广西华缨鱼属鱼类一新种记述．动物学研究，27(1): 81–85.

陈银瑞，杨君兴，Sket B, 等．1998. 穴居盲副鳅及其性状演化．动物学研究，19(1): 59–63.

陈银瑞，杨君兴，蓝家湖．1997. 广西盲鱼一新种及其系统关系分析（鲤形目：鲤科：鲃亚科）. 动物分类学报，22(2): 219–223.

单乡红，林人端，乐佩琦，等．2000. 鲃亚科//乐佩琦等．中国动物志 硬骨鱼纲 鲤形目(下卷). 北京：科学出版社：3–170.

甘西，陈小勇，杨君兴．2007. 广西云南鳅属鱼类一新种记述．动物学研究，28(3): 321–324.

甘西，吴铁军，韦慕兰，等．2013. 中国广西金线鲃属盲鱼一新种——安水金线鲃．动物学研究，34(5): 459–463.

黄艳飞，小勇，杨君兴．2007. 广西东部野鲮亚科鱼类一新种——长鳍异华鲮．动物学研究，28(5): 531–538.

黄爱民，杜丽娜，陈小勇，等．2009. 广西岭鳅属鱼类一新种——大鳞岭鳅．动物学研究，30(4): 445–448.

蓝家湖，杨君兴，陈银瑞．1995. 广西条鳅亚科鱼类二新种（鲤形目：鳅科）. 动物分类学报，20(3): 366–372.

蓝家湖，杨君兴，陈银瑞．1996. 广西洞穴鱼类一新种（鲤形目：鳅科）. 动物学研究，17(2): 109–112.

蓝家湖，张春光．2006. 鲤形目鳅科//广西壮族自治区水产研究所，中国科学院动物研究所．广西淡水鱼类志．2版．南宁：广西人民出版社：80–122.

蓝家湖，赵亚辉，张春光．2004. 中国广西金线鲃属一新种（鲤形目：鲤科：鲃亚科）. 动物分类学报，29(2): 377–380.

蓝家湖，甘西，吴铁军，等．2013. 广西洞穴鱼类．北京：科学出版社．

乐佩琦，单乡红，林人端，等．2000. 中国动物志 硬骨鱼纲 鲤形目（下卷）. 北京：科学出版社．

李国良．1989. 中国金线鲃属一新种（鲤形目：鲤科：鲃亚科）. 动物分类学报，14(1): 123–126.

李维贤，蓝家湖．1992. 广西鲤科鱼类一新属三新种．湛江水产学院学报，12(2): 46–51.

李维贤，肖蘅，罗忠义．2003. 广西洞穴金线鲃属一新种．广西师范大学学报（自然科学版），21(3): 80–81.

李维贤，蓝家湖．2003. 广西洞穴金线鲃一新种——九圩金线鲃．广西师范大学学报（自然科学版），21(4): 83–85.

李维贤，冉景承，陈会明．2003. 贵州洞穴金线鲃一新种及其性状的适应性．吉首大学学报（自然科学版），24(4): 61–63.

李维贤，冉景丞，陈会明．2006. 贵州洞穴盲副鳅一新种．湛江海洋大学学报，26 (4): 1–2.

李维贤，肖蘅，罗志发，等．2000. 广西金线鲃属一新种．动物学研究，21(2): 155–157.

寥吉文，王大忠，罗志发．1997. 南鳅属鱼类一新种及一新亚种(鲤形目：鳅科：条鳅亚科). 遵义医学院学报，20(2–3): 4–7.

林人端，罗志发．1986. 广西溶洞内生活的盲鱼——金线鲃属一新种．水生生物学报，10(4): 380–382.

林人端．1989. 鲤形目鲤科鲃亚科金线鲃属//郑慈英．珠江鱼类志．北京：科学出版社：172–175.

林昱，李超，宋佳坤．2012. 中国贵州省穴居盲鳅一新种（鲤形目：爬鳅科）. 动物分类学报，37(3): 640–647.

冉景丞，李维贤，陈会明．2006. 广西洞穴盲副鳅一新种（鲤形目：鲤科）. 广西师范大学学报（自然科学版），24(3): 81–82.

唐文乔．1997. 副原吸鳅属鱼类一新种（鲤形目：平鳍鳅科）. 动物分类学报，22(1): 108–111.

汪松，谢焱．2004. 中国物种红色名录・第一卷：红色名录．北京：高等教育出版社．
王大忠，陈宜瑜．1989. 贵州鲤科鱼类三新种．遵义医学院学报，12(4): 29–34.
吴铁军，廖振平，甘西，等．2010. 广西洞穴金线鲃属二新种记述（鲤形目：鲤科：鲃亚科）. 广西师范大学学报（自然科学版），28(4): 116–120.
胡学友，蓝家湖，张春光．2004. 广西鲇属一新种及其性状讨论．动物分类学报，29 (3): 586–590.
伍汉霖，陈义雄，庄棣华．2002. 中国沙塘鳢属 (*Odontobutis*) 鱼类之一新种（鲈形目：沙塘鳢科）. 上海水产大学学报，11(1): 6–13.
伍汉霖，吴小清，解玉浩．1993. 中国沙塘鳢属鱼类的整理和一新种的叙述．上海水产大学学报，2(1): 52–61.
伍律，等．1989. 贵州鱼类志．贵阳：贵州人民出版社：1–294.
伍献文．1964. 中国鲤科鱼类志（上卷）. 上海：上海科学出版社．
伍献文，等． 1977. 中国鲤科鱼类志（下卷）. 上海：上海人民出版社．
肖珊，蓝家湖． 2023. 广西淡水鱼类分类图鉴．郑州：河南科学技术出版社．
谢家骅．1989. 鲤形目鲤科鲃亚科金线鲃属//伍律．贵州鱼类志．贵阳：贵州人民出版社：153–157.
杨剑，吴铁军，蓝家湖．2011. 中国广西盲鳅一新种——环江高原鳅．动物学研究，32(5): 566–571.
杨剑，吴铁军，韦日锋，等．2011. 广西岭鳅属鱼类一新种——罗城岭鳅．动物学研究，32(2): 208–211.
杨琼，韦慕兰，蓝家湖，等．2011. 广西岭鳅属鱼类一新种．广西师范大学学报（自然科学版），29(1): 72–75.
杨君兴，陈小勇，蓝家湖．2004. 高原特有条鳅鱼类两新种在广西的发现及其动物地理学意义．动物学研究，25(2): 111–116.
张春光，戴定远．1992. 中国金线鲃属一新种——季氏金线鲃（鲤形目：鲤科：鲃亚科）. 动物分类学报，17(3): 377–380.
张春光，赵亚辉．2001. 中国鲃亚科金线鲃属鱼类一新种及其生态和适应（鲤形目：鲤科）. 动物分类学报，26(1): 102–107.
赵亚辉，张春光．2001. 中国广西小鳔鮈属一新种（鲤形目：鲤科）. 动物分类学报，26(4): 589–592.
赵亚辉，张春光，蓝家湖．2006. 鲤形目鲤科鲃亚科金线鲃属//广西壮族自治区水产研究所，中国科学院动物研究所．广西淡水鱼类志．2 版．南宁：广西人民出版社：259–282.
赵亚辉，张春光．2009. 中国特有金线鲃属鱼类——物种多样性、洞穴适应、系统演化和动物地理．北京：科学出版社．
郑慈英．1989. 珠江鱼类志．北京：科学出版社．
郑慈英，陈景星．1983. 中国野鲮亚科鱼类的二个新亚种．暨南理医学报 (1): 71–79.
郑慈英，陈宜瑜．1980. 广东省的平鳍鳅科鱼类．动物分类学报，5(1): 89–101.
中国水产科学研究院珠江水产研究所，等．1991, 广东淡水鱼类志．广州：广东科技出版社．
周才武，孔晓瑜，朱思荣．1987, 中国鳜属一新种——柳州鳜．海洋与湖沼，18(4): 348–351.
周石保，李国良．1998. 广西金线鲃属鱼类一新种（鲤形目：鲤科：鲃亚科）. 广西科学，5(2): 139–141.
周解，张春光，何安尤．2004. 中国广西金线鲃属盲鱼一新种及其生境（鲤科，鲃亚科）. 动物分类学报，29(3): 591–594.
周解，张春光，何安尤，等．2003. 广西鲤科鲤亚科盲鱼一新种及其生活环境．广西水产科技 (3): 15–18.
周石保，李国良．1998. 广西金线鲃属鱼类一新种（鲤形目：鲤科：鲃亚科）. 广西科学，5(2): 139–141, 149.
朱松泉，曹文宣．1987. 广东和广西条鳅亚科鱼类及一新属三新种描述（鲤形目：鳅科）. 动物分类学报，12(3): 323–331.
朱松泉．1983. 中国条鳅亚科的一新属新种．动物分类学报，8(3): 311–313.
朱松泉．1989. 中国条鳅志．南京：江苏科学技术出版社．
朱松泉．1995. 中国淡水鱼类检索．南京：江苏科学技术出版社．
朱瑜，蓝春，张鹗．2006. 广西异华鲮属鱼类一新种．水生生物学报，30(5): 503–507.
朱瑜，吕业坚，杨君兴，等．2008. 中国广西原花鳅属穴居盲鱼一新种——多鳞原花鳅．动物学研究，29(4): 452–454.
朱瑜，杜丽娜，陈小勇，等．2009. 广西云南鳅属鱼类一新种——靖西云南鳅．动物学研究，30(2): 195–198.

朱瑜，朱定贵．2014. 广西条鳅亚科间条鳅属鱼类一新种（鲤形目：爬鳅科）. 广东海洋大学学报，34(6): 18–21.
朱元鼎．1984. 福建鱼类志（上卷）. 福州：福建科学技术出版社．
朱元鼎．1985. 福建鱼类志（下卷）. 福州：福建科学技术出版社．
朱定贵，朱瑜．2012. 中国广西金线鲃属鱼类一新种（鲤形目：鲤科）. 动物分类学报，37(1): 222–226.
朱定贵，朱瑜．2012. 中国广西副沙鳅属鱼类一新种的描述（鲤形目：鳅科）. 云南农业大学学报，27(3): 447–449.
罗福广，黄杰，刘霞，等．2016. 广西金线鲃属鱼类一新种——融安金线鲃．南方农业学报，47 (4): 650–655.
蓝永保，覃旭传，蓝家湖，等．2017. 广西金线鲃属鱼类一新种记述．信阳师范学院学报（自然科学版），30 (1): 97–101.
伍汉霖，陈义雄，庄棣华．2002. 中国沙塘鳢属 (*Odontobutis*) 鱼类之一新种（鲈形目：沙塘鳢科）上海水产大学学报，11 (1): 6–13.
CHEN X P, JOHN G LUNDBERG. 1995. Xiurenbagrus, a new genus of Amblycipitid catfishes (Teleostei: Siluriformes), andphylogenetic relationships among the genera of Amblycipitidae). Copeia, 4: 780–800.
CHEN Y X, CHEN Y F. 2007. Bibarba bibarba: a new genus and species of Cobitinae (Pisces: Cypriniformes: Cobitidae)from Guangxi Province (China). Zoologischer Anzeiger, 246 (2): 103–113.
DU L, CHEN X Y, YANG J X. 2008. A Review of the Nemacheilinae Genus Oreonectes Günther with Descriptions of two New Species (Teleostei: Balitoridae). Zootaxa, 1729: 23–36.
Fang Pingwen. 1936. Sinocyclocheilus tingi, a new genus and species of Chinese barbid fishes from Yunnan. Sinensia, 7(5):588–593.
GAN X, LAN J H, ZHANG E. 2009. Metzia longinasus, a new cyprinid species(Teleostei: Cypriniformes) from the Pearl River drainage in Guangxi Province, South China. Ichthyological Reseach, 56:55–61.
GUNTHER A. 1868. Catalogue of the Fishes in the British Museum. Volume seventh. London: Trustees of the British Museum.
HU Y T, Zhang E. 2010. Homatula pycnolepis, a new species of nemacheiline loach from the upper Mekong drainage, SouthChina. Ichthyological Exploration of Freshwaters, 21 (1): 51–62.
HUANG Y F, YANG J X, CHEN X Y. 2014. Stenorynchoacrum xijiangensis, a new genus and a new species of Labeoninae fish from Guangxi, China(Teleostei: Cyprinidae). Zootaxa, 3793 (3): 379–386.
LIU S W , ZHU Y , WEI R F , CHEN X Y. 2012. A new species of the genus Balitora (Teleostei: Balitoridae) from Guangxi, China. Environmental Biology of Fishes, 93:369–375.
LUO W, JOHN P S, ZHAO H T, et al. 2015, Metzia parva, a new cyprinid species (Teleostei: Cypriniformes) from south China. Zootaxa, 3962 (1): 226–234.
NICHOLS J Treadwell. 1925. Nemacheilus and related loached in China. American Museum Novitates, 171: 1–7.
PELLEGRIN J. 1931. Description de deux cyprinidés nouveaux de Chine appartenant au genre Schizothorax Heckel. Bulletin de la Société Zoologique de France, 56: 145–149, 289.
RENDAHL H. 1933. Studen über innerasiatische Fische. Arkiv för Zoologi, 25 A (11): 1–51.
SU R F, YANG J X, CUI G H. 2001. The nominal invalidity of the cyprinid genus, Parasinilabeo, with descriptions of a new genus and species. Zoological Studies, 40 (2): 134–140.
WU H. 1939. On the fishes of Li–Kiang. Sinensia, 10(1–6): 92–142.
WU T J, YANG J, LAN J H. 2012. A new blind loach, Triplophysa lihuensis (Teleostei: Balitoridae), from Guangxi, China. Zoological Studies, 51(6): 874–880.
WU T J, YANG J, XIU L H. 2015. A new species of Bibarba (Teleostei: Cypriniformes: Cobitidae) from Guangxi, China. Zootaxa, 3905(1):138–144.
YANG J, WU T J, YANG J X. 2012. A new cave-dwelling loach, Triplophysa macrocephala (Teleostei: Cypriniformes:Balitoridae), from Guangxi, China. Environmental Biology of Fishes, 93: 169–175.

YANG J X, CHEN Y R. 1993. The cavefishes from Duan, Guangxi, China with comments on their adaptations to cave habits. Proceedings of the XI International Congress Speleology (Beijing, China): 124–126.

YANG J X, CHEN Y R, LAN J H. 1994. Protocobitis typhlops, a new genus and species of cave loach from China (Cypriniformes: Cobitidae). Ichthyological Exploration of Freshwaters, 5(1): 91–96.

ZHANG E. 2000. Revision of the cyprinid genus Parasinilabeo, with descriptions of two new species from Southern China (Teleostei: Cyprinidae). Ichthyological Exploration of Freshwaters, 11(3): 265–271.

ZHANG E, ZHOU W. 2012. Sinigarra napoense, a new genus and species of labeonin fishes (Teleostei: Cyprinidae) from Guangxi Province, South China. Zootaxa, 3586: 17–25.

ZHANG E , QIANG X,LAN J H. 2008. Description of a new genus and two new species of labeonine fishes from South China (Teleostei: Cyprinidae). Zootaxa, 1682: 33–44.

ZHANG Z L, ZHAO Y H, ZHANG C G. 2006. A new blind loach, Oreonectes translucens (Teleostei: Cypriniformes: Nemacheilinae), from Guangxi, China. Zoological Studies, 45(1): 611–615.

ZHAO Y H, LAN J H, ZHANG C G. 2009. A new cavefish species, Sinocyclocheilus brevibarbatus (Teleostei: Cypriniformes: Cyprinidae), from Guangxi,China. Environmental Biology of Fishes, 86: 203–209.

ZHAO Y H, WATANABE K, ZHANG C G. 2006. Sinocyclocheilus donglanensis, a new cavefish (Teleostei: Cypriniformes) from Guangxi, China. Ichthyological Research, 53(2):121–128.

ZHAO Y H, ZHANG C G , ZHOU J. 2009. Sinocyclocheilus guilinensis, a new species from an endemic cavefish group(Cypriniformes: Cyprinidae) in China. Environmental Biology of Fishes, 86: 137–142.

ZHAO Y H, LAN J H, ZHANG C G. 2004. A new species of amblcipitid catfish, Xiurenbagrus gigas (Teleostei: Siluriformes), from Guangxi, China. Ichthyological Research, 51: 228–232.

ZHENG L P, DU N, CHEN X Y, et al.2009. A new species of genus Triplophysa (Nemacheilinae:Balitoridae), Triplophysa longipectoralis sp. nov. from Guangxi-China. Environmental Biology of Fishes, 85: 221–227.

ZHENG L P, YANG J X, CHEN X Y. 2012. A new species of Triplophysa (Nemacheilidae: Cypriniformes), from Guangxi, southern China. Journal of Fish Biology, 80: 831−841.

ZHENG H F, XIU L H, YANG J. 2013. A new species of Barbine genus Sinocyclocheilus (Teleostei: Cyprinidae) from Zuojiang river drainage in Guangxi, China. Environmental Biology of Fishes, 93: 747–751.

ZHU Y, ZHANG E, ZHANG M,et al.2011. Cophecheilus bamen, a new genus and species of labeonine fishes (Teleostei:Cyprinidae) from south China. Zootaxa, 2881: 39–50.

ZHU D G, ZHANG E , LAN J H, et al.2012. Rectoris longibarbus, a new styglophic labeonine species (Teleostei: Cyprinidae) from South China, with a note on the taxonomy of R. mutabilis (Lin 1933). Zootaxa, 3586: 55–68.

CAO L , ZHANG E. 2018. Schistura alboguttata, a new loach species of the family Nemacheilidae (Pisces: Cypriniformes) from the Pearl River basin in Guangxi, South China. Zootaxa, 4471 (1): 125–136.

LI J, LI X H, LAN J H,et al. 2016. A new troglobitic loach Triplophysa tianlinensis (Teleostei: Nemacheilidae) from Guangxi, China. Ichthyological Research, 64 (3): 295–300.

LI J, LAN J H, CHEN X Y,et al.2017. Description of Triplophysa luochengensis sp. nov. (Teleostei: Nemacheilidae) from a karst cave in Guangxi, China. Journal of Fish Biology, 91 (4): 1–9.

WU T J, YANG J. 2019. Sinibotia lani, a new species of botiid loach (Teleostei: Botiidae) from Guangxi, China. Zootaxa,4679 (1): 97–106.

CHEN Y X, SUI X Y, HE D K ,et al. 2015. Three new species of cobitid fish genus Cobitis (Teleostei, Cobitidae) from the River Pearl basin of China. Folia Zoologica: International Journal of Vertebratology, 64 (1): 1–16.

CHEN Y X, SUI X Y, LIANG N,et al. 2016. Two new species of the genus Cobitis Linnaeus (Teleostei: Cobitidae) from southern China. Chinese Journal of Oceanology and Limnology, 34 (3): 517–525.

TAN X C, LI P, WU T J, et al. 2019. Cobitis xui, a new species of spined loach (Teleostei: Cobitidae) from the Pearl River drainage in southern China. Zootaxa, 4604 (1): 161–175.

CHEN Y Q, PENG C L, ZHANG E. 2016. Sinocyclocheilus guanyangensis, a new species of cavefish from the Li-Jiang basin of Guangxi, China (Teleostei: Cyprinidae). Ichthyological Exploration of Freshwaters, 27 (1): 1–8.

YAO M,HE Y,PENG Z G. 2018. Lanlabeo duanensis, a new genus and species of labeonin fish (Teleostei: Cyprinidae) from southern China. Zootaxa, 4471 (3): 556–568.

ZHENG L P,HE Y, YANG J X, et al. 2018. A new genus and species of Labeonini (Teleostei: Cyprinidae) from the Pearl River in China. PLoS ONE, 13 (7): e0199973: 1–14.

ZHENG L P,YANG G X,CHEN X Y. 2016. Garra incisorbis, a new species of labeonine from Pearl River basin in Guangxi,China (Teleostei: Cyprinidae). Ichthyological Exploration of Freshwaters, 26 (4): 299–303.

XIU LH,YANG J. 2017. Erromyzon damingshanensis, a new sucker loach (Teleostei: Cypriniformes: Gastromyzontidae) from the Pearl River drainage of Guangxi, China. Environmental Biology of Fishes, 100 (8): 893–898.

LI J, LI X H,ZHANG G, et al. 2019. A diminutive new species of Silurus (Teleostei: Siluridae) from Guangxi, southern China. Ichthyological Exploration of Freshwaters, 29 (4) IEF-1100: 305–312.

中文名称索引

A

矮身间吸鳅　208
安水金线鲃　28
暗色唇鲮　95

B

巴马拟缨鱼　164
巴马似原吸鳅　194
巴门褶吻鲮　172
白点南鳅　132
白肌银鱼　283
白肌银鱼属　283
白甲鱼　113
白甲鱼属　89, 110, 111, 112, 113, 114, 239
白莲云南鳅　54
斑点薄鳅　140
斑点金线鲃　29
斑鳜　264
斑鳠　40
斑鳢　272
斑纹薄鳅　141
半鰵属　224
瓣结鱼　116
瓣结鱼属　116
棒花鱼　229
棒花鱼属　229
北江光唇鱼　238
鼻须高原鳅　69
鳊　279
鳊属　279
秉氏爬岩鳅　198
波纹鳜　129
波鱼属　222
薄鳅属　137, 138, 139, 140, 141

C

才劳桂墨头鱼　178
糙隐鳍鲇　212
侧条光唇鱼　160
叉背金线鲃　31
叉尾洞鳅　55
叉尾斗鱼　130
长鼻梅氏鳊　153
长沟宽唇鱼　168
长麦穗鱼　108
长鳍高原鳅　71
长鳍光唇鱼　90
长鳍异华鲮　166
长身鳜　126
长身鳜属　126
长体小鳔鮈　236
长臀鮠　101
长臀鮠科　101
长臀鮠属　101
长尾鮡　102
长须金线鲃　17
长须卷口鱼　119
长须盲高原鳅　75
长须鲇　213
长须异华鲮　167
长须云南鳅　52
长须直口鲮　163
鲿科　40, 125, 215, 216, 254, 269, 270
赤魟　42
赤眼鳟　278
赤眼鳟属　278
唇鲮　94
唇鲮属　94, 95
刺鳅　262
刺鳅科　262, 267
刺鳅属　262, 267
粗唇鮠　269
粗须白甲鱼　110

D

大斑薄鳅　138
大刺鲭　155
大刺鳅　267
大口鲇　271
大鳞洞鳅　57
大鳞副泥鳅　286
大鳞金线鲃　8
大明山岭鳅　63
大明山游吸鳅　192
大鳍鳠　270
大鳍鱊　302
大头高原鳅　74
大吻鱵属　223
大眼红水鲮　176
大眼金线鲃　24
大眼卷口鱼　170
大眼鳜　265
带半刺光唇鱼　161
单纹似鳡　35
倒刺鲃　277
倒刺鲃属　275, 276, 277
等颌鲀　252
点面副沙鳅　298
东方墨头鱼　290
东方鲀属　263
东兰洞鳅　61
东兰金线鲃　20
洞鳅属　55, 56, 57, 58, 59, 60, 61, 62
洞庭小鳔鮈　233
斗鱼科　130
斗鱼属　130
都安洞鳅　58
都安蓝鲮　171
都安鲇　214
短鳔盘鮈　121
短身金线鲃　15
短吻副沙鳅　135
短须金线鲃　16
短须鱊　304
短须褶吻鲮　173
钝头鮠科　96, 98, 100, 252
钝吻细齿鰤　217
多斑岭鳅　65

多鳞原花鳅 88
多线盘鮈 181

F

方氏品唇鳅 248
鲱科 1
鲱形目 1, 282
鲼形目 42
凤山高原鳅 79
福建小鳔鮈 230
副结鱼 115
副结鱼属 115
副泥鳅属 286
副沙鳅属 135, 136, 285, 297, 298

G

鳡 274
鳡属 274
高肩金线鲃 23
高体鳑鲏 308
高原鳅属 67, 68, 69, 70, 71, 72, 73, 74, 75, 76, 77, 78, 79, 80, 81, 82
弓斑东方鲀 263
弓背中华喀鳅 47
寡鳞飘鱼 299
怪颌鳉科 310
关安岭鳅 66
鳤 106
鳤属 106
灌阳金线鲃 11
光唇鱼属 90, 160, 161, 237, 238
光倒刺鲃 275
广西爬鳅 204
广西鱊 158
贵州爬岩鳅 200
桂林薄鳅 139
桂林金线鲃 9
桂林鳅鮀 157
桂林似鮈 156
桂孟加拉鲮 92
桂墨头鱼属 178

H

海南鳅鮀 293
海南似鱎 300
海南新沙塘鳢 258
颌针鱼目 310
合鳃鱼目 262, 267
河池洞鳅 60
红鳍鲌 287
红鳍鲌属 280, 287
红水鲮属 175, 176, 177
魟科 42
魟属 42
后背修仁鉠 100
后鳍薄鳅 137
后鳍云南鳅 51
厚唇光唇鱼 237
厚唇瑶山鳅 38
胡瓜鱼目 283
鳠属 40, 270
花斑副沙鳅 285
花棘鲭 154
花鲈 266
花鲈科 266
花鲈鲤 36
花鲈属 266
花鳗鲡 4
花坪高原鳅 73
华墨头鱼属 179
华沙鳅属 133, 134, 284
华吸鳅属 210
华黝鱼属 257
鲭属 154, 155, 225
环江高原鳅 80
环江金线鲃 13
黄体高原鳅 67

J

季氏金线鲃 10
鲚属 282
嘉积小鳔鮈 232
颊鳞异条鳅 41
尖头大吻鱥 223
尖头塘鳢 294
间鲭 225
间吸鳅属 208
建德小鳔鮈 234
金线鲃属 8, 9, 10, 11, 12, 13, 14, 15, 16, 17, 18, 19, 20, 21, 22, 23, 24, 25, 26, 27, 28, 29, 30, 31, 32, 33, 34
靖西金线鲃 33
靖西异条鳅 45
靖西左江鲮 174
九圩金线鲃 21
巨修仁鉠 98
巨须金线鲃 18
卷口鱼 93
卷口鱼属 93, 119, 170
鳜属 127, 128, 129, 264, 265
鱊属 158, 302, 303, 304, 306

K

宽唇鱼属 168
宽额鳢 260
宽头盘鮈 122

L

蓝鲮属 171
蓝氏华沙鳅 134
蓝氏拟鲿 216
蓝氏新沙塘鳢 218
浪平高原鳅 77
乐山小鳔鮈 231
漓江副沙鳅 136
漓江鳜 127
里湖高原鳅 76
鲤科 6, 7, 8, 9, 10, 11, 12, 13, 14, 15, 16, 17, 18, 19, 20, 21, 22, 23, 24, 25, 26, 27, 28, 29, 30, 31, 32, 33, 34, 35, 36, 37, 89, 90, 92, 93, 94, 95, 106, 107, 108, 109, 110, 111, 112, 113, 114, 115, 116, 117, 118, 119, 120, 121, 122, 123, 150, 151, 152, 153, 154, 155, 156, 157, 158, 160, 161, 162, 163, 164, 165, 166, 167, 168, 169, 170, 171, 172, 173, 174, 175, 176, 177, 178, 179, 180, 181, 182, 183, 220, 222, 223, 224, 225, 226, 228, 229, 230, 231, 232, 233, 234, 236, 237, 238, 239, 240, 241, 273, 274, 275, 276, 277, 278, 279, 280, 281, 287, 288, 289, 290, 291, 292, 293, 299, 300, 301, 302, 303, 304, 306, 308
鲤属 123, 183
鲤形目 5, 6, 7, 8, 9, 10, 11, 12, 13, 14, 15, 16, 17, 18, 19, 20, 21, 22, 23, 24, 25, 26, 27, 28, 29, 30, 31, 32, 33, 34, 35, 36, 37, 38, 41, 44, 45,

46, 47, 48, 49, 50, 51, 52, 54, 55, 56, 57, 58, 59, 60, 61, 62, 63, 64, 65, 66, 67, 68, 69, 70, 71, 72, 73, 74, 75, 76, 77, 78, 79, 80, 81, 82, 83, 84, 86, 88, 89, 90, 92, 93, 94, 95, 106, 107, 108, 109, 110, 111, 112, 113, 114, 115, 116, 117, 118, 119, 120, 121, 122, 123, 131, 132, 133, 134, 135, 136, 137, 138, 139, 140, 141, 142, 144, 146, 148, 150, 151, 152, 153, 154, 155, 156, 157, 158, 160, 161, 162, 163, 164, 165, 166, 167, 168, 169, 170, 171, 172, 173, 174, 175, 176, 177, 178, 179, 180, 181, 182, 183, 184, 186, 188, 190, 192, 194, 196, 198, 200, 202, 204, 206, 208, 210, 219, 220, 222, 223, 224, 225, 226, 228, 229, 230, 231, 232, 233, 234, 236, 237, 238, 239, 240, 241, 242, 244, 246, 248, 273, 274, 275, 276, 277, 278, 279, 280, 281, 284, 285, 286, 287, 288, 289, 290, 291, 292, 293, 297, 298, 299, 300, 301, 302, 303, 304, 306, 308

鳢科 260, 261, 272

鳢属 260, 261, 272

丽纹细鲫 151

丽纹云南鳅 50

岭鳅属 63, 64, 65, 66

凌云高原鳅 70

凌云金线鲃 19

柳城拟缨鱼 165

柳州鱲 128

龙州鲤 123

鲈鲤属 36

鲈形目 104, 126, 127, 128, 129, 130, 217, 218, 255, 256, 257, 258, 259, 260, 261, 264, 265, 266, 272, 294, 295, 296, 311

禄峒爬鳅 206

卵形白甲鱼 112

罗城高原鳅 82

罗城岭鳅 64

逻楼金线鲃 34

M

马山金线鲃 22

麦穗鱼属 108

鳗鲡科 4, 105

鳗鲡目 4, 105

鳗鲡属 4, 105

梅氏编属 107, 152, 153, 301

美斑游吸鳅 190

美丽华沙鳅 133

美丽中条鳅 131

蒙古红鳍鲌 280

孟加拉鲮属 92, 118

墨头鱼属 180, 290

N

那坡华墨头鱼 179

南丹高原鳅 68

南方波鱼 222

南方鳅鮀 109

南鳅属 132, 219

拟鲿属 125, 216

拟腹吸鳅属 248

拟平鳅 242

拟平鳅属 242

拟缨鱼属 164, 165

粘皮鲻鰕虎鱼 311

鲇 268

鲇科 124, 212, 213, 214, 268, 271

鲇属 213, 214, 268, 271

鲇形目 40, 96, 98, 100, 101, 102, 124, 125, 212, 213, 214, 215, 216, 250, 252, 254, 268, 269, 270, 271

P

爬鳅科 38, 184, 186, 188, 190, 192, 194, 196, 198, 200, 202, 204, 206, 208, 210, 242, 244, 246, 248

爬鳅属 204, 206

爬岩鳅属 196, 198, 200, 202

盘鮈属 121, 122, 181, 241, 291

盘口鲮属 182

鳑鲏属 308

袍里红水鲮 177

片唇鮈 228

片唇鮈属 228

飘鱼 288

飘鱼属 288, 299

平果异条鳅 44

平头原缨口鳅 186

平舟原缨口鳅 246

Q

七丝鲚 282

前腹原花鳅 83

青鳉 310

青鳉属 310

青鱼 273

青鱼属 273

鳅科 83, 84, 86, 88, 133, 134, 135, 136, 137, 138, 139, 140, 141, 142, 144, 146, 148, 284, 285, 286, 297, 298

鳅属 142, 144, 146, 148

鳅鮀属 109, 157, 293

曲背金线鲃 26

泉水鱼 240

泉水鱼属 240

鳈属 226

缺刻墨头鱼 180

R

日本鳗鲡 105

融安金线鲃 12

弱须洞鳅 59

S

萨氏华黝鱼 257

三角鲤 183

沙塘鳢科 217, 218, 255, 256, 257, 258

沙塘鳢属 255

少鳞鱊属 104

舌鰕虎鱼 295

舌鰕虎鱼属 295

蛇鮈 289

蛇鮈属 289

鲥 1

鲥属 1

双须鳅属 86

水龙洞鳅 62

四须盘鮈 291

似鱤属 35

似鱎属 300

似鮈属 156

似原吸鳅 244
似原吸鳅属 194, 244

T

台梅氏鳊 107
唐鱼 6
唐鱼属 6
塘鳢科 294
塘鳢属 294
鳀科 282
天峨高原鳅 72
田林高原鳅 78
田林金线鲃 27
条斑爬岩鳅 196
条鳅科 5, 41, 44, 45, 46, 47, 48, 49, 50, 51, 52, 54, 55, 56, 57, 58, 59, 60, 61, 62, 63, 64, 65, 66, 67, 68, 69, 70, 71, 72, 73, 74, 75, 76, 77, 78, 79, 80, 81, 82, 131, 132, 219
条纹鮠 254
峒敢洞鳅 81
透明中华喀鳅 48
鲀科 263
鲀形目 263

W

鮠属 215, 254, 269
纹唇鱼 117
纹唇鱼属 117
纹胸鮡属 250
吻鰕虎鱼属 259, 296
乌原鲤 37
无斑南鳅 219
无眼原花鳅 84
无眼中华喀鳅 5
伍氏半䱗 224
伍氏华吸鳅 210
伍氏孟加拉鲮 118
伍氏盘口鲮 182
武昌副沙鳅 297
武鸣鳅 142

X

稀有白甲鱼 89
溪吻鰕虎鱼 259
细长拟鲿 125
细齿鲂鱼属 217
细鲫属 150, 151
细身白甲鱼 239
细尾白甲鱼 111
鰕虎鱼科 259, 295, 296, 311
狭吻鱼 169
狭吻鱼属 169
线纹梅氏鳊 301
线纹原缨口鳅 184
小鳔鮈属 230, 231, 232, 233, 234, 236
小黄黝鱼 256
小黄黝鱼属 256
小口白甲鱼 114
小口红水鲮 175
小梅氏鳊 152
小鳈 226
小眼洞鳅 56
小眼金线鲃 25
小眼双须鳅 86
小中华喀鳅 49
新沙塘鳢属 218, 258
修长鳅 144
修仁鉠 96
修仁鉠属 96, 98, 100
须鲫 292
须鲫属 292
须鳎 303
徐氏鳅 148
鲟科 2
鲟属 2
鲟形目 2
驯乐金线鲃 32

Y

鸭嘴金线鲃 30
鉠属 252
瑶山鳅属 38
瑶山细鲫 150
宜山金线鲃 14
异斑鳅 146
异华鲮 120
异华鲮属 120, 166, 167
异鱲 220
异鱲属 220
异条鳅属 41, 44, 45, 46
银鱼科 283
隐鳍鲇属 124, 212
游吸鳅属 188, 190, 192
原花鳅属 83, 84, 88
原鲤属 37
圆体爬岩鳅 202
圆吻鲴 281
圆吻鲴属 281
原缨口鳅属 184, 186, 246
月鳢 261
越南鳎 306
越南隐鳍鲇 124
云南盘鮈 241
云南鳅属 50, 51, 52, 54

Z

鮡科 102, 250
鮡属 102
褶吻鲮属 172, 173
真鲈科 104, 126, 127, 128, 129, 264, 265
郑氏异条鳅 46
直口鲮 162
直口鲮属 162, 163
中国少鳞鳜 104
中华倒刺鲃 276
中华喀鳅属 5, 47, 48, 49
中华沙塘鳢 255
中华纹胸鮡 250
中华鲟 2
中华游吸鳅 188
中条鳅属 131
壮体华沙鳅 284
鲻鰕虎鱼属 311
子陵吻鰕虎鱼 296
鯮 7
鯮属 7
纵带鮠 215
左江鲮属 174

拉丁学名索引

A

Abbottina 229
Abbottina rivularis 229
Acheilognathus 158, 302, 303, 304, 306
Acheilognathus barbatulus 304
Acheilognathus barbatus 303
Acheilognathus macropterus 302
Acheilognathus meridianus 158
Acheilognathus tonkinensis 306
Acipenser 2
Acipenser sinensis 2
Acipenseridae 2
Acipenseriformes 2
Acrossocheilus 90, 160, 161, 237, 238
Acrossocheilus beijiangensis 238
Acrossocheilus hemispinus cinctus 161
Acrossocheilus labiatus 237
Acrossocheilus longipinnis 90
Acrossocheilus parallens 160
Adrianichthyidae 310
Amblycipitidae 96, 98, 100, 252
Anguilla 4, 105
Anguilla japonica 105
Anguilla marmorata 4
Anguillidae 4, 105
Anguilliformes 4, 105
Aphyocypris 150, 151
Aphyocypris arcus 150
Aphyocypris pulchrilineata 151

B

Bagridae 40, 125, 215, 216, 254, 269, 270
Balitora 204, 206
Balitora kwangsiensis 204
Balitora ludongensis 206
Balitoridae 38, 184, 186, 188, 190, 192, 194, 196, 198, 200, 202, 204, 206, 208, 210, 242, 244, 246, 248
Bangana 92, 118
Bangana decora 92
Bangana wui 118
Beaufortia 196, 198, 200, 202
Beaufortia cyclica 202
Beaufortia kweichowensis 200
Beaufortia pingi 198
Beaufortia zebroidus 196
Beloniformes 310
Belontiidae 130
Bibarba 86
Bibarba parvoculus 86

C

Carassioides 292
Carassioides acuminatus 292
Channa 260, 261, 272
Channa asiatica 261
Channa gachua 260
Channa maculate 272
Channidae 260, 261, 272
Chanodichthys 280, 287
Chanodichthys erythropterus 287
Chanodichthys mongolicus 280
Clupeidae 1
Clupeiformes 1, 282
Cobitidae 83, 84, 86, 88, 133, 134, 135, 136, 137, 138, 139, 140, 141, 142, 144, 146, 148, 284, 285, 286, 297, 298
Cobitis 142, 144, 146, 148
Cobitis heteromacula 146
Cobitis leptosoma 144
Cobitis wumingensis 142
Cobitis xui 148
Coilia 282
Coilia grayii 282
Cophecheilus 172, 173
Cophecheilus bamen 172
Cophecheilus brevibarbatus 173
Coreoperca 104
Coreoperca whiteheadi 104
Coreosiniperca 126
Coreosiniperca roulei 126
Cranoglanididae 101
Cranoglanis 101
Cranoglanis bouderius 101
Cyprinidae 6, 7, 8, 9, 10, 11, 12, 13, 14, 15, 16, 17, 18, 19, 20, 21, 22, 23, 24, 25, 26, 27, 28, 29, 30, 31, 32, 33, 34, 35, 36, 37, 89, 90, 92, 93, 94, 95, 106, 107, 108, 109, 110, 111, 112, 113, 114, 115, 116, 117, 118, 119, 120, 121, 122, 123, 150, 151, 152, 153, 154, 155, 156, 157, 158, 160, 161, 162, 163, 164, 165, 166, 167, 168, 169, 170, 171, 172, 173, 174, 175, 176, 177, 178, 179, 180, 181, 182, 183, 220, 222, 223, 224, 225, 226, 228, 229, 230, 231, 232, 233, 234, 236, 237, 238, 239, 240, 241, 273, 274, 275, 276, 277, 278, 279, 280, 281, 287, 288, 289, 290, 291, 292, 293, 299, 300, 301, 302, 303, 304, 306, 308
Cypriniformes 5, 6, 7, 8, 9, 10, 11, 12, 13, 14, 15, 16, 17, 18, 19, 20, 21, 22, 23, 24, 25, 26, 27, 28, 29, 30, 31, 32, 33, 34, 35, 36, 37, 38, 41, 44, 45, 46, 47, 48, 49, 50, 51, 52, 54, 55, 56, 57, 58, 59, 60, 61, 62, 63, 64, 65, 66, 67, 68, 69, 70, 71, 72, 73, 74, 75, 76, 77, 78, 79, 80, 81, 82, 83, 84, 86, 88, 89, 90, 92, 93, 94, 95, 106, 107, 108, 109, 110, 111, 112, 113, 114, 115, 116, 117, 118, 119, 120, 121, 122, 123, 131, 132, 133, 134, 135, 136, 137, 138, 139, 140, 141, 142, 144, 146, 148, 150, 151, 152, 153, 154, 155, 156,

157, 158, 160, 161, 162, 163, 164, 165, 166, 167, 168, 169, 170, 171, 172, 173, 174, 175, 176, 177, 178, 179, 180, 181, 182, 183, 184, 186, 188, 190, 192, 194, 196, 198, 200, 202, 204, 206, 208, 210, 219, 220, 222, 223, 224, 225, 226, 228, 229, 230, 231, 232, 233, 234, 236, 237, 238, 239, 240, 241, 242, 244, 246, 248, 273, 274, 275, 276, 277, 278, 279, 280, 281, 284, 285, 286, 287, 288, 289, 290, 291, 292, 293, 297, 298, 299, 300, 301, 302, 303, 304, 306, 308
Cyprinus 123, 183
Cyprinus longzhouensis 123
Cyprinus multitaeniata 183

D

Dasyatidae 42
Dasyatis 42
Dasyatis akajei 42
Discocheilus 182
Discocheilus wui 182
Discogobio 121, 122, 181, 241, 291
Discogobio brachyphysallidos 121
Discogobio laticeps 122
Discogobio multilineatus 181
Discogobio tetrabarbatus 291
Discogobio yunnanensis 241
Distoechodon 281
Distoechodon tumirostris 281

E

Eleotridae 294
Eleotris 294
Eleotris oxycephala 294
Elopichthys 274
Elopichthys bambusa 274
Engraulidae 282
Erromyzon 188, 190, 192
Erromyzon damingshanensis 192
Erromyzon kalotaenia 190
Erromyzon sinensis 188

F

Folifer 116
Folifer brevifilis 116

G

Garra 180, 290
Garra incisorbis 180
Garra orientalis 290
Glossogobius 295
Glossogobius giuris 295
Glyptothorax 250
Glyptothorax sinensis 250
Gobiidae 259, 295, 296, 311
Gobiobotia 109, 157, 293
Gobiobotia guilinensis 157
Gobiobotia kolleri 293
Gobiobotia meridionalis 109
Guigarra 178
Guigarra cailaoensis 178

H

Hemibarbus 154, 155, 225
Hemibarbus macracanthus 155
Hemibarbus medius 225
Hemibarbus umbrifer 154
Hemiculterella 224
Hemiculterella wui 224
Hemimyzon 208
Hemimyzon pumilicorpora 208
Hongshuia 175, 176, 177
Hongshuia megalophthalmus 176
Hongshuia microstomatus 175
Hongshuia paoli 177

K

Karstsinnectes 5
Karstsinnectes acridorsalis 47
Karstsinnectes anophthalmus 5
Karstsinnectes hyalinus 48
Karstsinnectes parvus 47, 48, 49

L

Lanlabeo 171
Lanlabeo duanensis 171
Lateolabracidae 266
Lateolabrax 266
Lateolabrax japonicus 266
Leiocassis 215, 254, 269
Leiocassis argentivittatus 215
Leiocassis crassilabris 269
Leiocassis virgatus 254
Leptobotia 137, 138, 139, 140, 141
Leptobotia guilinensis 139
Leptobotia pellegrini 138
Leptobotia posterodorsalis 137
Leptobotia punctatus 140
Leptobotia zebra 141
Leucosoma 283
Leucosoma chinensis 283
Liniparhomaloptera 242
Liniparhomaloptera disparis 242
Liobagrus 252
Liobagrus aequilabris 252
Luciobrama 7
Luciobrama macrocephalus 7
Luciocyprinus 35
Luciocyprinus langsoni 35

M

Macropodus 130
Macropodus opercularis 130
Mastacembelidae 262, 267
Mastacembelus 262, 267
Mastacembelus armatus 267
Mastacembelus sinensis 262
Metzia 107, 152, 153, 301
Metzia formosae 107
Metzia lineata 301
Metzia longinasus 153
Metzia parva 152
Microdous 217
Microdous amblyrhynchos 217
Micropercops 256
Micropercops cinctus 256
Microphysogobio 230, 231, 232, 233, 234, 236
Microphysogobio elongatus 236
Microphysogobio fukiensis 230
Microphysogobio kachekensis 232
Microphysogobio kiatingensis 231
Microphysogobio tafangensis 234
Microphysogobio tungtingensis 233
Mugilogobius 311
Mugilogobius myxodermus 311
Myliobatiformes 42
Mylopharyngodon 273

Mylopharyngodon piceus 273
Mystus 40, 270
Mystus guttatus 40
Mystus macropterus 270

N

Nemacheilidae 5, 41, 44, 45, 46, 47, 48, 49, 50, 51, 52, 54, 55, 56, 57, 58, 59, 60, 61, 62, 63, 64, 65, 66, 67, 68, 69, 70, 71, 72, 73, 74, 75, 76, 77, 78, 79, 80, 81, 82, 131, 132, 219
Neodontobutis 218, 258
Neodontobutis hainanensis 258
Neodontobutis lani 218

O

Ochetobius 106
Ochetobius elongatus 106
Odontobutidae 217, 218, 255, 256, 257, 258
Odontobutis 255
Odontobutis sinensis 255
Onychostoma 89, 110, 111, 112, 113, 114, 239
Onychostoma barbatum 110
Onychostoma elongatum 239
Onychostoma lepturum 111
Onychostoma lini 114
Onychostoma ovale 112
Onychostoma rarum 89
Onychostoma simum 113
Oreonectes 63, 64, 65, 66
Oreonectes damingshanensis 63
Oreonectes guananensis 66
Oreonectes luochengensis 64
Oreonectes polystigmus 65
Oryzias 310
Oryzias latipes 310
Osmeriformes 283
Osteochilus 117
Osteochilus salsburyi 117

P

Parabotia 135, 136, 285, 297, 298
Parabotia banarescui 297
Parabotia brevirostris 135
Parabotia fasciata 285
Parabotia lijiangensis 136
Parabotia maculosa 298
Parabramis 279
Parabramis pekinensis 279
Paramisgurnus 286
Paramisgurnus dabryanus 286
Paranemachilus 41, 44, 45, 46
Paranemachilus genilepis 41
Paranemachilus jinxiensis 45
Paranemachilus pingguoensis 44
Paranemachilus zhengbaoshani 46
Paraprotomyzon 194, 244
Paraprotomyzon bamaensis 194
Paraprotomyzon multifasciatus 244
Parasinilabeo 120, 166, 167
Parasinilabeo assimilis 120
Parasinilabeo longibarbus 167
Parasinilabeo longiventralis 166
Parator 115
Parator zonatus 115
Parazacco 220
Parazacco spilurus 220
Pareuchiloglanis 102
Pareuchiloglanis longicauda 102
Percichthyidae 104, 126, 127, 128, 129, 264, 265
Perciformes 104, 126, 127, 128, 129, 130, 217, 218, 255, 256, 257, 258, 259, 260, 261, 264, 265, 266, 272, 294, 295, 296, 311
Percocypris 36
Percocypris pingi regain 36
Platysmacheilus 228
Platysmacheilus exiguous 228
Procypris 37
Procypris merus 37
Prolixicheilus 168
Prolixicheilus longisulcus 168
Protocobitis 83, 84, 88
Protocobitis anteroventris 83
Protocobitis polylepis 88
Protocobitis typhlops 84
Pseudobagrus 125, 216
Pseudobagrus gracilis 125
Pseudobagrus lani 216
Pseudocrossocheilus 164, 165
Pseudocrossocheilus bamaensis 164
Pseudocrossocheilus liuchengensis 165
Pseudogastromyzon 248
Pseudogastromyzon fangi 248
Pseudogobio 156
Pseudogobio guilinensis 156
Pseudogyrinocheilus 240
Pseudogyrinocheilus prochilus 240
Pseudolaubuca 288, 299
Pseudolaubuca engraulis 299
Pseudolaubuca sinensis 288
Pseudorasbora 108
Pseudorasbora elongata 108
Pterocryptis 124, 212
Pterocryptis anomala 212
Pterocryptis cochinchinensis 124
Ptychidio 93, 119, 170
Ptychidio jordani 93
Ptychidio longibarbus 119
Ptychidio macrops 170

R

Rasbora 222
Rasbora steineri 222
Rectoris 162, 163
Rectoris longibarbus 163
Rectoris posehensis 162
Rhinogobius 259, 296
Rhinogobius duospilus 259
Rhinogobius giurinus 296
Rhodeus 308
Rhodeus ocellatus 308
Rhynchocypris 223
Rhynchocypris oxycephalus 223

S

Salangidae 283
Sarcocheilichthys 226
Sarcocheilichthys parvus 226
Saurogobio 289
Saurogobio dabryi 289
Schistura 132, 219
Schistura alboguttata 132
Schistura incerta 219
Semilabeo 94, 95
Semilabeo notabilis 94
Semilabeo obscurus 95

Siluridae 124, 212, 213, 214, 268, 271
Siluriformes 40, 96, 98, 100, 101, 102, 124, 125, 212, 213, 214, 215, 216, 250, 252, 254, 268, 269, 270, 271
Silurus 213, 214, 268, 271
Silurus asotus 268
Silurus duanensis 214
Silurus longibarbatus 213
Silurus meridionalis 271
Sineleotris 257
Sineleotris saccharae 257
Sinibotia 133, 134, 284
Sinibotia lani 134
Sinibotia pulchra 133
Sinibotia robusta 284
Sinigarra 179
Sinigarra napoense 179
Siniperca 127, 128, 129, 264, 265
Siniperca kneri 265
Siniperca liuzhouensis 128
Siniperca loona 127
Siniperca scherzeri 264
Siniperca undulate 129
Sinocyclocheilus 8, 9, 10, 11, 12, 13, 14, 15, 16, 17, 18, 19, 20, 21, 22, 23, 24, 25, 26, 27, 28, 29, 30, 31, 32, 33, 34
Sinocyclocheilus altishoulderus 23
Sinocyclocheilus anatirostris 30
Sinocyclocheilus anshuiensis 28
Sinocyclocheilus brevibarbatus 16
Sinocyclocheilus brevis 15
Sinocyclocheilus donglanensis 20
Sinocyclocheilus flexuosdorsalis 26
Sinocyclocheilus furcodorsalis 31
Sinocyclocheilus guanyangensis 11
Sinocyclocheilus guilinensis 9
Sinocyclocheilus huanjiangensis 13
Sinocyclocheilus hugeibarbus 18
Sinocyclocheilus jii 10
Sinocyclocheilus jinxiensis 33
Sinocyclocheilus jiuxuensis 21
Sinocyclocheilus lingyunensis 19
Sinocyclocheilus longibarbatus 17
Sinocyclocheilus luolouensis 34
Sinocyclocheilus macrolepis 8
Sinocyclocheilus macrophthalmus 24
Sinocyclocheilus mashanensis 22
Sinocyclocheilus microphthalmus 25
Sinocyclocheilus punctatus 29
Sinocyclocheilus ronganensis 12
Sinocyclocheilus tianlinensis 27
Sinocyclocheilus xunlensis 32
Sinocyclocheilus yishanensis 14
Sinogastromyzon 210
Sinogastromyzon wui 210
Sisoridae 102, 250
Spinibarbus 275, 276, 277
Spinibarbus denticulatus 277
Spinibarbus hollandi 275
Spinibarbus sinensis 276
Squaliobarbus 278
Squaliobarbus curriculus 278
Stenorynchoacrum 169
Stenorynchoacrum xijiangensis 169
Synbranchiformes 262, 267

T

Takifugu 263
Takifugu ocellatus 263
Tanichthys 6
Tanichthys albonubes 6
Tenualosa 1
Tenualosa reevesii 1
Tetraodontidae 263
Tetraodontiformes 263
Toxabramis 300
Toxabramis houdemeri 300
Traccatichthys 131
Traccatichthys pulcher 131
Triplophysa 67, 68, 69, 70, 71, 72, 73, 74, 75, 76, 77, 78, 79, 80, 81, 82
Triplophysa fengshanensis 79
Triplophysa flavicorpus 67
Triplophysa huanjiangensis 80
Triplophysa huapingensis 73
Triplophysa langpingensis 77
Triplophysa lihuensis 76
Triplophysa lingyunensis 70
Triplophysa longibarbata 75
Triplophysa longipectoralis 71
Triplophysa luochengensis 82
Triplophysa macrocephala 74
Triplophysa nandanensis 68
Triplophysa nasobarbatul 69
Triplophysa tianeensis 72
Triplophysa tianlinensis 78
Troglonectes 55, 56, 57, 58, 59, 60, 61, 62
Troglonectes barbatus 59
Troglonectes dongganensis 81
Troglonectes donglanensis 61
Troglonectes duanensis 58
Troglonectes furcocaudalis 55
Troglonectes hechiensis 60
Troglonectes macrolepis 57
Troglonectes microphthalmus 56
Troglonectes shuilongensis 62

V

Vanmanenia 184, 186, 246
Vanmanenia homalocephala 186
Vanmanenia lineata 184
Vanmanenia pingchowensis 246

X

Xiurenbagrus 96, 98, 100
Xiurenbagrus dorsalis 100
Xiurenbagrus gigas 98
Xiurenbagrus xiuenensis 96

Y

Yaoshania 38
Yaoshania pachychilus 38
Yunnanilus 50, 51, 52, 54
Yunnanilus bailianensis 54
Yunnanilus longibarbatus 52
Yunnanilus pulcherrimus 50
Yunnanilus retrodorsalis 51

Z

Zuojiangia 174
Zuojiangia jingxiensis 174